高等职业教育
智能化教材系列

INTELLIGENT TEXTBOOK SERIES FOR
HIGHER VOCATIONAL EDUCATION

U0218258

AUTOMATIC CONTROL TECHNOLOGY

自动化控制技术

主　编　吉　红　韩睿群
参　编　李　彤　王晓岚　原　梦

天津大学出版社
TIANJIN UNIVERSITY PRESS

内 容 提 要

本书较全面地介绍了过程控制系统、过程仪表、自动化控制系统和集散控制系统的有关知识。全书共有6个教学项目,主要内容包括:项目1过程控制系统、项目2过程参数的检测方法与仪表、项目3过程控制仪表及装置、项目4简单控制系统、项目5复杂控制系统、项目6集散控制系统。本书内容安排以涵盖化工自动化控制工程实践需要的基本知识和技能为原则,书中的知识点较多,为了便于读者学习掌握,在文字描述中加入了大量的图片,还配备了辅助学习的电子课件、视频、动画等资源。通过若干综合训练任务培养学生的基本动手能力和读识图、操作能力,符合当前高等职业教育的教学特点。

本书可作为高等职业学校化工类、机电类、自动化类以及其他相近专业的基础教材,也可供从事化工自动化控制技术工作的工程技术人员学习参考。

图书在版编目(CIP)数据

自动化控制技术 / 吉红, 韩睿群主编 ; 李彤, 王晓岚, 原梦参编. -- 天津 : 天津大学出版社, 2023.7

高等职业教育智能化教材系列

ISBN 978-7-5618-7492-9

Ⅰ.①自… Ⅱ.①吉… ②韩… ③李… ④王… ⑤原… Ⅲ.①电气控制系统－高等职业教育－教材 Ⅳ.①TM921.5

中国国家版本馆CIP数据核字(2023)第098489号

ZIDONGHUA KONGZHI JISHU

出版发行		天津大学出版社
地 址		天津市卫津路92号天津大学内(邮编:300072)
电 话		发行部:022-27403647
网 址		www.tjupress.com.cn
印 刷		天津泰宇印务有限公司
经 销		全国各地新华书店
开 本		787mm×1092mm 1/16
印 张		12.75
字 数		318千
版 次		2023年7月第1版
印 次		2023年7月第1次
定 价		79.00元

前言

本书是为满足高职高专课程教学而编写的一本通用教材。书中涵盖了过程控制系统、过程仪表、自动化控制系统和集散控制系统的有关知识，适合作为高职高专电气类、机电类、化工类等专业的教材或参考书，也可供初学者学习参考。

自动化控制技术作为一个现代技术科学领域，在实现社会科学化中得到蓬勃发展。自动化控制技术在社会各行各业中的推广应用，提高了产品的数量和质量，降低了成本和能源消耗，改善了劳动条件，促进了高新技术的发展。习近平总书记在党的二十大报告中强调："必须坚持科技是第一生产力、人才是第一资源、创新是第一动力，深入实施科教兴国战略、人才强国战略、创新驱动发展战略，开辟发展新领域新赛道，不断塑造发展新动能新优势。"自动化控制技术作为现代科学技术的一部分，是推动科技发展、社会生产力提升的重要驱动力量，肩负着建设科技强国的历史使命。

本书主要以化工自动化控制系统为对象，以自动化控制的实际应用为重点，对自动控制系统中的检测部分、控制系统与执行器等方面进行了详细的介绍。内容安排采用项目化教学模式，全书分为6个项目，每个项目包括多个知识单元，将基础知识和实践操作紧密结合，所采取的项目引导、任务驱动的方式，不但增加了知识的易学性，而且适应了实践教学环节的需要。

"以促进就业为导向，注重培养学生的职业能力"是高等职业教育课程改革的方向，也是职业教育的本质要求。在项目安排方面，本书通过知识介绍和技能训练，使学生既掌握自动化控制原理，又熟悉自动化控制的应用,提高学生运用自动化控制知识解决实际问题的能力;使实训内容尽量和工程实际接近;使案例与生产实际紧密结合。项目的实施过程清晰、连贯、易于理解和掌握,突出了课程的实际应用性特点,有助于培养学生的实践操作技能。

本书文字表述简洁,便于学生使用。在基础知识内容编写中,尽量采用简洁明了的语言表述,使学生明确知识的要点。同时,在教材内容编排上,遵循由浅入深和工作过程系统化的编写思路,为学生搭建合理的知识结构,以充分体现高职高专的教学要求。为了使学生更好地掌握知识内容,本书配备了辅助学习的电子课件、视频、动画等资源,读者可以通过扫描书中的二维码免费阅览。

随着高等职业教育的发展,在强调"以能力为本位,以技能为核心"的同时,也注重对人才的综合素质和全面能力的培养。书中加入适量的思政元素,通过课程学习培养学生的家国情怀和严谨认真的工作态度。

本书由天津渤海职业技术学院吉红、韩睿群主编,李彤、王晓岚、原梦参编。其中,项目 1 由吉红、原梦编写,项目 2 和项目 6 由吉红、王晓岚编写,项目 3 由韩睿群、原梦编写,项目 4 和项目 5 由韩睿群、李彤编写。全书由吉红、韩睿群统稿。所有编写人员共同完成电子课件和视频等资源的制作。

由于时间仓促和编者水平有限,加上自动化控制技术的发展与更新很快,书中若有不足之处,敬请广大读者批评指正。

编者
2023 年 5 月

目录

项目 1　过程控制系统

学习目标

(1)掌握化工生产过程自动化的基本概念。

(2)掌握过程控制系统的组成及分类。

(3)能正确识读典型控制系统流程图。

(4)能根据系统过渡过程曲线计算系统品质指标。

(5)培养独立思考、分析问题、自主学习的能力。

任务 1　化工生产过程自动化概述

化工生产过程采用自动化控制(简称自动控制或自控)技术不仅可以把人从繁重的体力劳动、部分脑力劳动以及恶劣、危险的工作环境中解放出来,而且能扩展人器官的功能,极大地提高劳动生产率,增强人类认识世界和改造世界的能力。

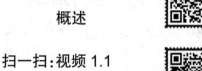扫一扫:PPT 1.1　自动控制系统概述

化工过程控制又称过程控制,是化工生产过程自动化控制的简称。化工过程控制研究主要是研讨控制理论在化工生产过程中的应用,包括对各种自动化系统的分析、设计和现场的实施、运行,而不包括纯理论的研究和仪表的设计、制造。化工过程控制就是在无人直

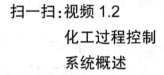扫一扫:视频 1.1　自动控制系统概述

扫一扫:视频 1.2　化工过程控制系统概述

接参与的情况下,对化工生产过程中的各种工艺参数实行自动检测、调节和对整个生产过程进行最优控制和管理,主要用于化工领域中对压力、温度、流量、位移、湿度、黏度的控制。

化工生产过程自动化先后经历了仪表自动化阶段、计算机控制阶段、综合自动化阶段。

1. 仪表自动化阶段

20 世纪 40 年代以前,多数化工生产采用手工操作,生产过程主要凭操作经验进行控制,生产效率极低,所用仪表的精度低、体积大,只能就地检测和记录,且以机械式和液动式为主要结构形式。20 世纪 40 年代后,逐步出现了以基地式仪表为典型的局部单输入 - 单输出自动化控制。自 20 世纪 50 年代起,人们对化工生产的各种单元操作进行了大量开发工作,开始出现串级、比值、前馈、多冲量等复杂自动控制系统,并在实际生产中应用,气动、电动单元组合仪表(Ⅰ、Ⅱ、Ⅲ型)相继问世。

2. 计算机控制阶段

随着现代化工业生产的不断发展和微型计算机在化工生产中的开发应用及光纤传感技术的成熟,以微处理器为核心的新型智能仪表问世,计算机在自动化控制中发挥越来越巨大的作用。集散型控制系统(Distributed Control System, DCS)、现场总线控制系统(Fieldbus Control System,FCS)得到广泛应用,已成为大型化工企业的主流自动化控制系统。

3. 综合自动化阶段

综合自动化系统也称管理控制一体化系统,常称为计算机集成过程系统(Computer Integrated Process System, CIPS),将计划优化、生产调度和经营管理引入计算机控制系统,将市场意识与优化控制相结合,使计算机控制系统更加完善,带来更大的技术进步。

化工生产过程自动化系统包括自动检测系统,程序控制、自动联锁保护系统和自动控制系统等。自动控制系统包含了自动检测和自动操纵功能,是整个自动化系统的核心。

任务 2　过程控制系统的组成与分类

1.2.1　过程控制系统的组成

在化工生产中,贮槽是一种常见的贮存流体的设备。当贮槽出水量和进水量相等时,液位将保持在某一正常位置,一旦管路压力等发生变化,液位就发生相应变化,为保持液位恒定,操作人员必须密切注视液位的变化。一旦发现实际液位高度与应该维持的正常液位值之间出现偏差,就要马上进行调节,即开大或关小出水阀门,使液位恢复到正常位置,这样就不会出现贮槽中液位过高而溢流至槽外,或是贮槽内液体被抽空而出现故障。

采用人工控制液位时,操作人员的眼、脑、手分别承担检测、运算和执行这三个任务,来完成测量,求偏差,再控制以纠正偏差的全过程。由于人工控制满足不了大型现代化生产对控制精度的要求,可以用一套自动化装置来代替上述人工操作,贮槽和自动化装置一起构成了一个过程控制系统,液位的人工控制系统和自动控制系统的示意图分别如图 1.1 和图 1.2 所示。

扫一扫:PPT 1.2
自动控制系统
组成与分类

扫一扫:视频 1.3
自动控制系统

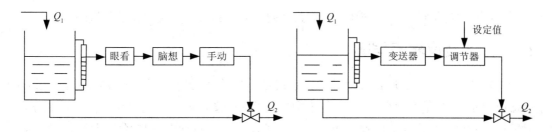

图 1.1　液位的人工控制系统　　　图 1.2　液位的自动控制系统

从液位的人工控制系统和自动控制系统的对比中,可以总结出最基本的过程控制系统是由被控对象、测量元件或变送器、调节器、调节阀四部分组成的。为了更清楚地表达过程控制系统各环节的相互影响和信号联系,常用方框图来进行描述。方框图中用一个方块表示组成系统的一部分,称为环节,用带箭头的直线表示信号的相互联系和传递方向,如图 1.3 所示。

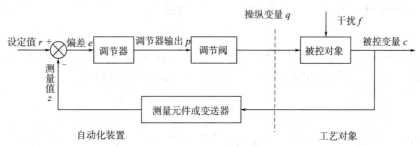

图 1.3　过程控制系统组成方框图

从图 1.3 中可知:

（1）被控对象,为需要控制的工艺设备（塔、容器、贮槽等）、机器;

（2）测量元件或变送器,感受并测量被控变量的变化,并将其转变为标准信号输出;

（3）调节器,首先将设定值与测量值进行比较,得出偏差,按预定的控制规律实施控制作用,比较机构和调节器通常组合在一起,可以是气动调节器、电动调节器、可编程序调节器等;

（4）调节阀,其作用是接收调节器送来的信号,相应地改变操纵变量 q 以稳定被控变量 c,最常用的调节阀是气动薄膜调节阀。

1.2.2　过程控制系统的常用术语

（1）被控变量 c:按照工艺要求,被控对象通过控制能达到工艺要求设定的工艺变量。

（2）设定值（给定值）r:自动控制系统中,设定值是与工艺预期的被控变量相对应的信号值,由工艺要求决定。

（3）测量值 z:测量元件或变送器的输出值,即被控变量的实际测量值。

（4）偏差 e:被控变量的设定值与实际值之差。在实际控制系统中,能够直接获取的信息是被控变量的测量值而不是实际值,因此,通常把设定值与测量值之差作为偏差。

（5）操纵变量 q:由调节器操纵,能使被控变量恢复到设定值的物料量或能量。

（6）干扰f:除操纵变量外,作用于生产过程对象并引起被控变量变化的随机因素。

1.2.3 管道及仪表流程图

管道及仪表流程图是用自控设计的文字代号、图形符号在工艺流程图上描述生产过程控制而形成的原理图,是控制系统设计、施工中采用的一种图示形式。该图在工艺流程图的基础上,按其流程顺序,标出相应的测量点、控制点、控制系统及自动信号与联锁保护系统等,由工艺人员和自控人员共同研究绘制。在管道及仪表流程图的绘制过程中所采用的图形符号、文字代号应按照有关技术规范使用。下面结合国家行业标准《过程测量与控制仪表的功能标志及图形符号》(HG/T 20505—2014),介绍一些常用的图形符号和文字代号。

1. 图形符号

过程检测和控制系统图形符号包括仪表圆圈、测量点和连接线(引线、信号线)等。

1）仪表

常规仪表图形符号为细实线圆圈,如图 1.4(a)所示。

2）测量点

当两个测量点引到一条复式仪表上,而两个测量点在图纸上距离较远或不在同一张图纸上时,则分别用两个相切的实线圆圈和虚线圆圈表示,如图 1.4(b)所示。

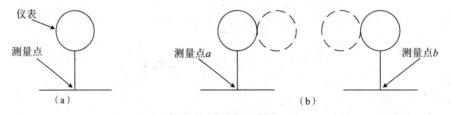

图 1.4 仪表与测量点

（a）仪表 （b）测量点

3）连接线

仪表与工艺过程的连接用直线表示。其中,仪表与工艺过程管线(或设备)连接的通用形式如图 1.5(a)所示,仪表与工艺过程管线(或设备)连接的法兰连接方式如图 1.5(b)所示,仪表与工艺过程管线(或设备)连接的螺纹连接方式如图 1.5(c)所示。

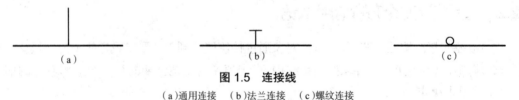

图 1.5 连接线

（a）通用连接 （b）法兰连接 （c）螺纹连接

4）执行器

执行器的图形符号是由执行机构和调节机构的图形符号组合而成的。

2. 仪表位号

在检测、控制系统中,构成回路的每个仪表(或元件)都用仪表位号来标识。仪表位号由字母代号组合和回路编号两部分组成。仪表位号中的首位字母表示被测变量,后继字母表示仪表的功能;回路编号由工序号和顺序号组成,一般用 3~5 位阿拉伯数字表示,如图 1.6 所示。

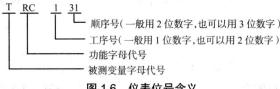

图 1.6　仪表位号含义

在管道及仪表流程图中,仪表位号的标注方法为字母代号填写在仪表圆圈的上半圆处,回路编号填写在下半圆处,如图 1.7 所示。

图 1.7　仪表位号的标注
(a)就地安装　(b)集中盘面安装

3. 字母代号

仪表位号中表示被测变量和仪表功能的字母代号见表 1.1。

表 1.1　被测变量和仪表功能的字母代号

字母	首位字母		后继字母
	被测变量或引发变量	修饰词	功能
A	分析		报警
C	电导率		控制
E	电压		检测元件
F	流量	比率	
I	电流		指示
L	物位		灯
H	手动		高
P	压力		连接或测试点
Q	数量	积算、累积	积算、累积
R	核辐射		记录
T	温度		传送(变送)
V	振动、机械监视		阀、风门、百叶窗

1.2.4 过程控制系统的分类

过程控制系统有多种分类方法，可以按控制系统是否设有反馈环节来进行分类或按设定值变化规律分类，也可以按被控变量的物理性质（如温度、压力、流量、液位等）分类，还可以按控制系统结构的复杂程度来分类等。

1. 按控制系统是否有反馈环节分类

按控制系统是否有反馈环节，可以把过程控制系统分为：开环控制系统和闭环控制系统。

若通过某种装置将能反映输出量的信号引回输入端，去影响控制信号，这种作用称为"反馈"。不设反馈环节的控制系统，称为开环控制系统；设有反馈环节的控制系统，称为闭环控制系统。这里所说的"环"是指由反馈环节构成的回路。下面简要介绍这两种控制系统的控制特点。

1) 开环控制系统

开环控制是指控制装置与被控对象之间只有顺向作用而没有反向联系的控制过程，按这种方式组成的系统称为开环控制系统。

例如，普通机床的自动加工过程，就是开环控制过程。普通机床是根据预先设定的加工指令（切削深度、行程距离）进行加工的，而不去检测其实际加工的程度。

由于开环控制系统无反馈环节，一般结构简单，系统稳定性好，成本也低，这是开环控制系统的优点。因此，当输出量和输入量之间的关系固定，且内部参数或外部负载等扰动因素不大，或这些扰动因素产生的误差可以预先确定并能进行补偿时，应尽量采用开环控制系统。

开环控制系统的缺点是当控制过程受到各种扰动因素影响时，会直接影响输出量，而系统不能自动进行补偿。特别是当无法预计的扰动因素使输出量产生的偏差超过允许的限度时，开环控制系统便无法满足技术要求，这时就应考虑采用闭环控制系统。

我国古代的自动装置——指南车

我国古代的指南车（图1.8），实际上就是一种简单的开环控制系统，利用差速齿轮原理和齿轮传动系统，不论车子转向何方，木人的手始终指向南方，即"车虽回运而手常指南"。

图 1.8 指南车

2）闭环控制系统

闭环控制是将输出量直接或间接反馈到输入端,形成闭环参与控制的控制方式。若存在某种干扰使系统实际输出偏离期望输出,系统自身便利用负反馈产生的偏差所取得的控制作用再去消除偏差,使系统输出量恢复到期望值上,这就是反馈工作原理。可见,闭环控制具有较强的抗干扰能力。

闭环控制系统通过检测变送装置,能不断对控制结果——被控变量的变化情况,进行实时监测,并不断调整控制作用,使被控变量达到设定值要求,提高系统的控制精度;系统的负反馈控制的自动补偿作用,能有效地抑制和克服系统外部或内部的干扰作用。闭环控制系统的缺点是:闭环控制增加了检测、反馈比较环节,使系统的结构复杂,成本提高;系统反复的调节作用使系统的稳定性变差。需要指出的是,在工程上大多数的控制系统属于闭环控制系统,它是最基本又是最重要的典型控制方案,即使一些较复杂的控制系统也以它为基础,加以改进和完善。

我国现代自动控制的奠基人——钱学森先生

"爱国、创新、求实、奉献、协同、育人"的新时代科学家精神,是科学家们在长期的科学实践中积累的宝贵精神财富,已经成为社会发展不可或缺的无形精神要素。正是在这种精神的感召下,一代代的科学家怀着质朴的爱国主义情怀,凭借深厚的学术造诣、宽广的科学视角,为祖国和人民作出了重大贡献。

钱学森先生于 1954 年在美国出版了用英文撰写的、在世界范围内产生深远影响的《工程控制论》,为我国自动化发展奠定了基础,为中国火箭导弹和航天事业的创建与发展作出了杰出的贡献,获中国科学院自然科学奖一等奖、国家科技进步奖特等奖、小罗克韦尔奖章和世界级科学与工程名人称号,被国务院、中央军委授予"国家杰出贡献科学家"荣誉称号,获中共中央、国务院、中央军委颁发的"两弹一星"功勋奖章。

中国的科学家们,用努力的汗水一点一滴挺起中国的脊梁,谁说科学不偶像,他们才是我们心中永恒的偶像。崇尚科学,尊重科学家,学习科学家精神,是这个时代赋予我们的使命。

2. 按设定值变化规律分类

按设定值变化规律,可以把过程控制系统分为:定值控制系统、随动控制系统和程序控制系统。

1）定值控制系统

定值控制系统的设定值是恒定不变的,其基本任务是克服扰动对被控变量的影响,即在扰动作用下仍能使被控变量保持在设定值(给定值)或在允许范围内。例如,蒸汽换热器在工艺上要求热流体的出口温度按设定值保持不变,因而它是一个定值控制系统。

2）随动控制系统

随动控制系统也称自动跟踪系统,这类系统的设定值是一个未知的变化量,其主要任务是使被控变量能够尽快而准确无误地跟踪设定值的变化,而不考虑扰动对被控变量的影响。在化工生产中,有些比值控制系统就属于此类。例如,要求甲流体的流量和乙流体的流量保持一定的比值,当乙流体的流量变化时,要求甲流体的流量能快速而准确地随之变化;由于乙流体的流量变化在生产中可能是随机的,所以相当于甲流体的流量设定值也是随机的,故属于随动控制系统。

3)程序控制系统

程序控制系统也称顺序控制系统,这类系统的设定值也是变化的,但它是按预定的时间程序变化的。在化学工业中的间歇反应器的升温控制系统,食品工业中的罐头杀菌温度控制系统,造纸工业中的纸浆蒸煮温度控制系统等均属于程序控制系统。在这类生产过程中,不同时间节点要求的温度不同,即相关设定值按程序自动改变,如升温时间、保温时间和降温时间等。

任务3　过渡过程与品质指标

扫一扫:PPT 1.3
自动控制系统
的品质指标

过程控制系统的作用就是克服干扰,使被控变量维持在设定值上。然而当系统受到干扰后,在控制器的作用下,被控变量恢复到设定值并不是一瞬间完成的,而要经历一个过程,这个过程叫作自动控制系统的过渡过程。

为了使自动控制系统在生产中发挥应有的作用,对自动控制系统的过渡过程是有要求的,就是关于过渡过程质量指标的评定。

1.3.1　过渡过程的基本形式

生产过程总希望被控变量保持不变,然而这是很难办到的。原因是干扰客观存在,而且扰动没有固定的形式,是随机发生的。为了使分析和设计控制系统方便,常采用形式和大小固定的扰动信号来描述扰动过程,其中最常用的是阶跃干扰。系统受到干扰后,被控变量就会产生变化。典型过渡过程如图 1.9 所示。

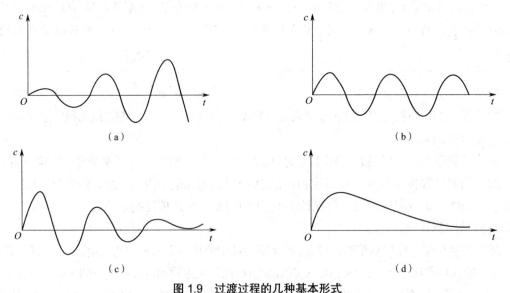

图 1.9　过渡过程的几种基本形式

（a）发散振荡过程　（b）等幅振荡过程　（c）衰减振荡过程　（d）非周期衰减过程

图 1.9（a）为发散振荡过程,它表明这个控制系统在受到阶跃干扰作用后,非但不能使被控变量回到设定值,反而使它越来越剧烈地振荡起来。显然,这类过渡过程的控制系统不能满足生产要求,严重时会引起事故。

图 1.9（b）为等幅振荡过程,它表示系统受到阶跃干扰后,被控变量将做振幅恒定的振荡而不能稳定下来。因此,除了简单的位式控制外,这类过渡过程一般也是不允许的。

图 1.9（c）为衰减振荡过程,它表明被控变量经过一段时间的衰减振荡后,最终能重新稳定下来,这是我们所希望的。

图 1.9（d）为非周期衰减过程即单调过程,它表明被控变量最终也能稳定下来,但由于被控变量达到新的稳定值的过程太缓慢,而且被控变量长期偏离设定值一边,一般情况下这种过渡过程在工艺上也是不允许的,而只有工艺允许被控变量不能振荡时才采用。

总之,对自动控制系统过渡过程的要求,首先是稳定,其次应是一个衰减振荡过程。衰减振荡过渡过程的时间较短,而且容易看出被控变量的变化趋势。在大多数情况下,要求自动控制系统过渡过程是一个衰减振荡过程。

1.3.2 控制系统品质指标

闭环控制系统的品质指标主要由过渡过程性能反映。一个控制系统在外界干扰或设定干扰作用下,从原有稳定状态过渡到新的稳定状态的整个过程,称为控制系统的过渡过程。控制系统的过渡过程是衡量控制系统品质的重要依据。

扫一扫:视频 1.4
　自动控制系统
　的品质指标

从以上几种过渡过程的情况可知,一个合格的、稳定的控制系统,在受到外界干扰以后,被控变量的变化应是一条衰减的曲线。图 1.10 表示了一个定值控制系统受到外界阶跃干扰以后的过渡过程曲线,对此曲线,用过渡过程质量指标来衡量控制系统的品质时,常采用以下几个指标。

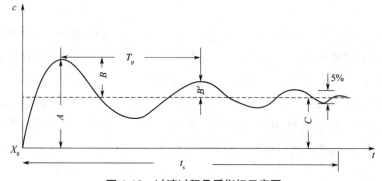

图 1.10 过渡过程品质指标示意图

1. 最大偏差或超调量

最大偏差是衡量过渡过程稳定性的一个动态指标。最大偏差是指在过渡过程中,被控变量偏离设定值的最大数值。在衰减振荡过程中,最大偏差就是第一个波的峰值,在图 1.10 中以A表示。最大偏差表示系统瞬时偏离设定值的最大程度。偏离值越大,偏离时间越长,表明系统离开规定的工艺参数指标就越远,这对正常稳定生产是不利的。因此最大偏差可以作为衡量控制系统质量的一个品质指标。一般来说,最大偏差当然是小一些为好,特别是对于一些有约束条件的系统。例如,化学反应器的化合物爆炸极限、触媒烧结温度极限等,都会对最大偏差的允许值有所限制。同时考虑到干扰会不断出现,当第一个干扰还未消除时,第二个干扰可能又出现了,偏差有可能是叠加的,这就更需要限制最大偏差的允许值。所以,在决定最大偏差的允许值时,要根据工艺情况慎重选择。

有时也可以用超调量来表征被控变量偏离设定值的程度。在图 1.10 中超调量以B表示。从图中可以看出,超调量B是第一个波峰值A与新稳定值C之差,即$B = A - C$。如果系统的新稳定值等于设定值,那么最大偏差A也就与超调量B相等了。

在工程实际中,常把一般超调量以百分数给出,即相对超调量,其表达式为

$$\sigma = \frac{B}{C} \times 100\%$$

总之,最大偏差或超调量过大,对于某些工艺要求比较高的生产过程来说,是应该禁止的。同时考虑到干扰会不断出现,偏差可能叠加,这就更应限制最大偏差的允许值。

2. 衰减比

衰减比 n 是衡量过渡过程衰减速度的指标,用过渡过程曲线相邻两个波峰值的比来表示,图 1.10 中的衰减比是 $B : B'$。若衰减比小,则过渡过程接近于等幅振荡过程,过程变化灵敏,但波动过于激烈,不易稳定,安全性低,一般不采用;若衰减比大,则过渡过程又接近于非振荡过程,过程过于稳定,但反应太迟缓,也是不需要的。衰减比究竟以多大为合适,没有定论,根据实际经验,为保持过程控制系统有足够的稳定裕度,一般希望被控量在经历两个波峰左右实现稳定,与此相对应的衰减比在 $10 : 1 \sim 4 : 1$。在 $4 : 1$ 衰减震荡过程中,大约两个波以后就可以认为是稳定下来了,这是一个适当的过渡过程。而衰减比为 $10 : 1$ 时,过渡过程基本上可以认为只有一个波峰。

3. 余差

余差是衡量控制系统稳定性的一个动态指标。当过渡过程结束时,被控变量所达到的新的稳态值与设定值之间的偏差,叫作余差。或者说,余差就是过渡过程结束时的残余偏差,在图 1.10 中以C表示。余差的符号可能是正的,也可能是负的。$C = 0$的控制过程为无差调节,没有余差的控制过程称为无差控制,相应的系统称为无差系统;$C \neq 0$的控制过程为有差调节,有余差的控制过程称为有差控制,相应的系统称为有差系统。余差的大小反映了自动控制系统的控制精度。一般要求余差能满足工艺要求就可以了。

4. 过渡时间或调节时间

从干扰作用发生的时刻起,到系统重新建立新的平衡时止,过渡过程所经历的时间,叫作过渡时间或调节时间。严格地讲,对于具有一定衰减比的衰减振荡过渡过程,要完全达到新的平衡状态需要经历无限长的时间。实际上,由于受仪表灵敏度的限制,当被控变量接近稳态值

时,指示值就基本上不再改变了。因此,一般是在稳态值的上下规定一个小范围,当被控变量进入这一小范围,并不再跃出时,就认为被控变量已经达到新的稳态值,或者说过渡过程已经结束。所以实际规定,将被控变量衰减到进入与最终稳态值的偏差为 ±5%(也有的规定为 ±2%)的一定范围之内所经历的时间定义为过渡时间 t_s。

5.振荡周期与振荡频率

从第一个波峰到同方向的第二个波峰之间的间隔时间,称为过渡过程的振荡周期或工作周期 T_p,其倒数称为振荡频率 f。在衰减比相同的条件下,振荡周期与过渡时间成正比。振荡周期越短,过渡时间越短。因此它也是衡量控制系统控制速度的品质指标。

上述五个过渡过程品质指标在不同的控制系统中各有其重要性,而且其相互之间又有着内在联系。对一个过程控制系统,总是希望能够达到余差小、最大偏差小、调节时间短、恢复快,但这几个指标往往是互相矛盾的。一般讲,这些指标在不同系统中的重要性并不相同,应根据生产工艺的具体要求分清主次,区别轻重,优先保证达到重要的品质指标。

项目 2 过程参数的检测方法与仪表

学习目标

(1) 了解过程参数检测的基本知识。

(2) 掌握压力的检测方法及仪表选型与安装方法。

(3) 掌握物位的检测方法及仪表选型与安装方法。

(4) 掌握流量的检测方法及仪表选型与安装方法。

(5) 掌握温度的检测方法及仪表选型与安装方法。

(6) 养成规范操作的职业素养。

(7) 培养严谨的工作态度及安全意识。

任务 1 过程参数的检测

2.1.1 过程检测仪表的组成

扫一扫:PPT 2.1
检测方法

扫一扫:视频 2.1
检测方法 1

扫一扫:视频 2.2
检测方法 2

化工过程检测仪表就是对化工生产过程中的温度、压力、液位、流量、成分等参数与其相应的测量单位进行比较的工具。过程检测仪表是化工生产过程的眼睛,通过仪表来获取生产的信息,以便对化工生产过程进行有效的控制。各种检测仪表不论采用哪种测量原理,都要对被测参数进行一次或多次信号的转换,最后获得便于测量的信号形式,进行显示或变送。

过程检测仪表一般由检测部分、转换部分和显示部分三部分组成。检测部分是直接感受被测参数的传感器或敏感部件。转换部分是对被测参数进行转换、放大或其他处理的测量电路及转换电路。显示部分的作用是将测量结果用指针、记录仪、计数器、显示器等进行指示和记录。

上海理工大学蔡小舒教授的小故事

蔡小舒教授一直在能源与动力领域做二相流检测研究,与医学检测没有任何关系。但是,一次经历让他有了改变。他因患急性心肌梗死住院治疗,差点危及生命,多亏治疗及时。在住院期间,他想到,心肌梗死大多突发,没有先兆,每年夺走很多人的生命,能否有个检测方法,可以预测这种疾病呢? 他就把这种想法与自己的主治医生谈了,医生说那太好了,这样可以拯救很多人的生命啊! 这样,蔡小舒教授课题组与上海交通大学附属新华医院等开展合作,在国际上首次提出了一种通过检测尿液来判断心血管堵塞程度的快速、无损冠心病前瞻性诊断方法。这种方法在冠状动脉血管堵塞尚未达到发生心肌梗死程度时为患者提供是否须做详细心脏检查的临床依据,不仅有助于降低心肌梗死的发生率,还可以为脑血管堵塞发生中风等给出早期临床诊断依据。这就是我们身边的科研创新推进检测仪器发展的实例,创新精神和科学精神则贯穿于整个发展过程中。

工欲善其事,必先利其器,创新精神及科学精神便是检测仪器的磨刀石。蔡小舒教授发明的仪器虽不属于他的专业,但是,创新意识的诞生需要独立不羁的自由精神,不为权威、经典所束缚,更要勇于探索新知识,一旦确立科研目标,就要开始锲而不舍的钻研,将这种创新意识落于实践,即使在研发过程中遇到了坎坷挫折,也要毫不气馁。同时,他能够创新也是与他知识渊博、功底扎实离不开的,所以,专业基础知识非常重要,我们既要注重个人创新能力的培养,也要扎实地学好专业知识为创新发展奠定坚实的基础。

2.1.2　过程检测仪表的品质指标

1. 仪表的精度

精度也叫精确度,是精密度和准确度的合称。精密度说明测量值的分散性,表征的是偶然误差的大小程度。准确度说明测量值和真实值的偏离程度,表征的是系统误差的大小程度。

仪表的精度不仅与绝对误差有关,而且还与仪表的量程有关。绝对误差大,相对百分误差就大,仪表精度就低。如果绝对误差相同的两台仪表的测量范围不同,那么测量范围大的仪表相对百分误差小,仪表精度高。精度是仪表很重要的一项品质指标,因此工业仪表经常用最大引用误差来表示仪表的精度。国家对精度等级制定了统一的标准,常用的精度等级有 0.005 级、0.02 级、0.05 级、0.1 级、0.2 级、0.4 级、0.5 级、1.0 级、1.5 级、2.5 级、4.0 级。精度等级数值越小,精度越高。反之,数值越大,精度越低。精度等级常以圆圈或三角内的数字标识在仪表面板上,如图 2.1 所示。

图 2.1　1.5 级精度的仪表标识

精度等级表示最大引用误差去掉"±"和"%"。在生产实际中,应根据实际情况选择合适的精度等级。

【**例 2.1**】　有两台测温仪表,它们的测温量程分别为 0~100 ℃和 100~300 ℃,校验表时得到它们的最大绝对误差均为 ±2 ℃,试确定这两台仪表的精度等级。

解　这两台仪表的最大引用误差分别为

$$\delta_1 = \frac{\pm 2}{100 - 0} \times 100\% = \pm 2\%$$

$$\delta_2 = \frac{\pm 2}{300 - 100} \times 100\% = \pm 1\%$$

因此,量程为 0~100 ℃仪表的精度等级为 2.5 级,而另一台量程为 100~300 ℃仪表的精度等级为 1.0 级。

【例 2.2】 某台测温仪表的工作量程为 0~500 ℃,工艺要求测温时测量误差不超过 ±4 ℃,试问如何选择仪表的精度等级才能满足要求?

解 根据工艺要求,该仪表的最大引用误差为

$$\delta_{max} = \pm \frac{4}{500 - 0} \times 100\% = \pm 0.8\%$$

应选择 0.5 级的仪表才能满足要求。

通过以上两个例题可知,进行仪表选型和校验时,计算出的引用误差数值不可能都正好是精度等级中规定的数值,这时要归档。仪表选型时精度归高,校验时精度归低。例如:计算结果为 ±1.8%,如果是仪表选型,要选 1.5 级精度的表;如果是校验,则此仪表应定为 2.5 级精度。

没有超精密测量检测,就没有高端装备制造

提升高端装备制造质量将会面临三个主要挑战。第一个是整体性问题,需要有完整的测量体系;第二个是测量手段呈现碎片化特征,有些仪器发明或者有些仪器的研发、生产,都是在一些点上进行的,不成体系,不能形成整体能力;第三个是精益化问题,测量对质量提升具有不可替代的支撑作用。我们要学好测量检测相关知识,成为一名合格乃至优秀的技术工程师,让我国的装备制造业屹立不倒。没有超精密测量检测,就没有高端装备制造。所以我们也要学好专业知识,养成规范操作的职业素养和严谨认真的习惯。

---

2. 变差

测量仪表的变差(又称回差)反映在外界条件不变的情况下,用同一仪表对某一参数值进行正、反行程(即被测参数逐渐由小变大和逐渐由大变小)测量时,仪表正、反行程指示值之间的差异,由最大绝对误差和量程确定。最大绝对误差就是被测参数正行程和反行程所得两条仪表示值特性曲线之间的最大差值,如图 2.2 所示。

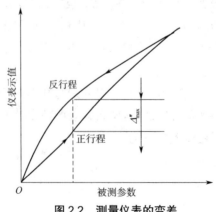

图 2.2　测量仪表的变差

在用仪表测量同一参数值时,变差为正、反行程仪表示值的最大绝对误差与仪表标尺范围（仪表量程）之比的百分数表示,即

$$变差 = \frac{\Delta''_{max}}{仪表量程} \times 100\%$$

式中　　Δ''_{max}——正、反行程仪表示值的最大绝对误差。

变差产生的原因主要包括传动机构的间隙、运动件的摩擦、弹性元件的弹性滞后等。变差越小,仪表的重复性和稳定性越好。应当注意,仪表的变差不能超过仪表的最大引用误差,否则应当检修。对于数字式仪表,由于内部无可动部件,也就不存在变差问题,所以变差这个指标在数字式仪表中就显得不太重要了。

3. 灵敏度与灵敏限

灵敏度表示仪表对被测参数变化反应的能力,仪表指针的线位移或角位移与引起这个位移的被测参数变化量的比值称为仪表的灵敏度,公式如下:

$$S = \frac{\Delta a}{\Delta x}$$

式中　　S——仪表的灵敏度;

　　　　Δa——指针的线位移或角位移;

　　　　Δx——被测参数变化量。

灵敏限指引起仪表指针发生可见变化的被测参数的最小变化量。通常仪表灵敏限的数值应不大于仪表允许绝对误差的一半。

上述指标一般只适用于指针式仪表。在数字式仪表中往往用分辨率来表示仪表灵敏度。数字式仪表的分辨率就是在仪表的最低量程上最末一位改变一个数所表示的被测参数变化量。数字式仪表能稳定显示的位数越多,则分辨率越高。

4. 反应时间

反应时间是用来衡量仪表能不能尽快反映出被测参数变化的品质指标。反应时间长,说明仪表需要较长时间才能给出准确的仪表示值（指示值）,那就不宜用来测量变化频繁的参数。因为在这种情况下,当仪表尚未准确显示出被测值时,参数本身就早已改变了,使仪表始终显示不出被测参数瞬时值的真实情况。所以,仪表反应时间的短长,实际上反映了仪表动态特性的好坏。

仪表的反应时间有不同的表示方法。当输入信号突然变化一个数之后,输出信号将由原始值逐渐变化到新的稳态值。仪表的输出信号（即指示值）由开始变化到新稳态值的 63.2% 所用的时间,可用来表示反应时间,也有用变化到新稳态值的 95% 所用的时间来表示反应时间的。

5. 线性度

线性度用来说明输出量（仪表示值）与输入量（被测变量）的实际关系曲线偏离直线的程度,如图 2.3 所示,线性度通常用实际测得的输入-输出特性曲线（称为标定曲线）与理论拟合直线之间的最大偏差 Δf_{max} 同仪表量程之比的百分数来表示。

6. 重复性

重复性表示测量仪表在被测参数按同方向做全量程连续多次变动时所得标定特性曲线不一致的程度。如果多次测量的标定特性曲线一致,那么重复性就好,重复性误差就小。如图2.4 所示,分别求出沿正、反行程多次循环测量的各个测试点仪表示值之间的最大偏差 ΔZ_{max1} 和 ΔZ_{max2} ,再取这两个最大偏差中的较大者为 ΔZ_{max} 。重复性误差 δ_z 通常用 ΔZ_{max} 与测量仪表满量程输出范围之比的百分数来表示。

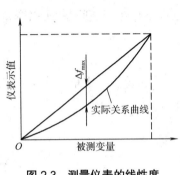

图 2.3　测量仪表的线性度

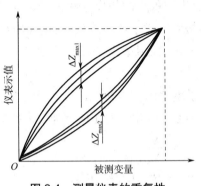

图 2.4　测量仪表的重复性

7. 稳定性

在规定工作条件下,仪表某些性能随时间保持不变的能力称为稳定性(稳定度)。稳定性是化工仪表的一个重要性能指标。由于化工企业使用仪表的环境相对恶劣,被测参数的介质温度、压力变化也相对较大,在这种环境中使用仪表,仪表的某些部件随时间保持不变的能力会降低,仪表的稳定性会下降。通常用仪表零漂移来衡量仪表的稳定性。仪表的稳定性直接关系到仪表的使用范围,有时直接影响化工生产,仪表稳定性不佳造成的影响往往比仪表精度下降对化工生产的影响还要大。

8. 可靠性

随着生产自动化水平的提高,检测仪表在生产过程控制中的作用越来越重要,仪表一旦出现故障会影响生产的正常进行,甚至会导致严重的事故,所以仪表的可靠性也是一个重要品质指标。仪表的可靠性还和仪表维护量有着密切的关系,仪表的可靠性高则仪表维护量小,反之,则仪表维护量大。化工企业的检测与过程控制仪表大部分安装在工艺管道,各类塔、釜、罐、容器上,而且化工生产的连续性和较恶劣的环境给仪表维护增加了很多困难,考虑到化工生产安全和仪表维护人员的人身安全,化工企业使用的检测与过程控制仪表要求维护量越小越好,亦即要求仪表的可靠性尽可能高。

2.1.3　职业素养

职业素养是指职业内在的规范和要求,是在职业过程中表现出来的综合品质,包含职业道德、职业技能、职业行为、职业作风和职业意识等方面。

(1)职业道德,就是同人们的职业活动紧密联系的符合职业特点所要求的道德准则、道德情操与道德品质的总和。它既是对本职人员在职业活动中的行为标准和要求,同时又是职业对社会所负的道德责任与义务。

（2）职业技能，是指在职业分类基础上，根据职业的活动内容，对从业人员工作能力水平的规范性要求。它是从业人员从事职业活动，接受职业教育培训和职业技能鉴定的主要依据，也是衡量劳动者从业资格和能力的重要尺度。

（3）职业行为，是指人们对职业劳动的认识、评价、情感和态度等心理过程的行为反映，是职业目的达成的基础。

（4）职业作风，是指从业者在其职业实践和职业生活中所表现的一贯态度。

（5）职业意识，是作为职业人所具有的意识，具体表现为工作积极认真、有责任感、具有基本的职业道德。

作为未来的技术工作者，应该具有良好的职业素养，遵守操作规范，认真敬业，要有劳动精神和工匠情怀。工匠情怀是一种对劳动的坚守和热爱。正如习近平总书记所说："劳动是财富的源泉，也是幸福的源泉。人世间的美好梦想，只有通过诚实劳动才能实现；发展中的各种难题，只有通过诚实劳动才能破解；生命里的一切辉煌，只有通过诚实劳动才能铸就。"干一行爱一行，在干中增长技艺与才能，养成"择一事终一生"的执着专注，"干一行钻一行"的精益求精，"偏毫厘不敢安"的一丝不苟，"千万锤成一器"的卓越追求，劳动的价值才能得到最大程度的体现。

弘扬工匠精神，离不开文化支撑。唯有心无旁骛，把技艺的精准、精细视为艺术、视为生命，才能在本职岗位上坐得住、做得好，乃至至精至善。要铸匠艺，需要一丝不苟、精益求精的价值追求和认真精神。中央电视台《大国工匠》纪录片中讲述的大国工匠故事中，最令人印象深刻的细节就是他们对匠艺永无止境的追求与超越。比如匠人彭祥华，能够把装填爆破药量的呈送控制在远远小于规定的最小误差之内；高凤林，我国火箭发动机焊接第一人，不仅把焊接误差控制在 0.16 mm 之内，而且将焊接停留时间从 0.1 s 缩短到 0.01 s……先修"心境"而后方达"技境"正是匠心文化的体现。厚植工匠文化，既要大力弘扬优良传统，又应将优秀工匠的精神赋予新的时代内涵，让尊重劳动、尊重创造成为社会共识。

任务 2　压力的检测方法与仪表

2.2.1　压力检测概述

1.压力的基本概念

压力是化工生产过程的一个重要参数[①]。在化工生产过程中，往往需要将压力控制在一定的数值范围内。压力不仅影响生产过程的平衡关系和反应速率，而且还影响系统的物料平衡。此外压力和差压测量还广泛地应用在流量和液位测量中，所以正确测量和控制压力对保证产品的质量和生产的安全有重要意义。

扫一扫:PPT2.2
压力的检测方法与仪表

---

① 注:在工业领域，常用"压力"表示压强，以字母 p 表示，单位为 Pa 或 MPa。

扫一扫：视频 2.3
**压力的检测
方法与仪表**

在工业生产过程中，有的需要比大气压力高很多的高压，如高压聚乙烯要在 150 MPa 的高压下进行聚合，而有的则需要在比大气压力低很多的负压下进行，如炼油厂的减压蒸馏工艺。此外，对苯二甲酸（PTA）化工厂的高压蒸汽压力为 8.0 MPa，氧气进料压力约为 9.0 MPa。

压力测量如此广泛，操作人员应当严格遵守各种压力测量仪表的使用规则，加强日常维护，不允许有任何疏忽和大意。因为在密闭容器中压力超标可能会发生爆炸事故，造成人身伤害和经济损失，所以我们在工作中要有严谨的工作态度及安全意识。

2. 压力的单位

根据国际单位制（SI）规定，压力的单位为帕斯卡，简称帕（Pa），$1\ Pa = 1\ N/m^2$。帕所代表的压力较小，工程上经常使用千帕（kPa）和兆帕（MPa）。

压力可分为表压、绝对压力、负压或真空度。由于仪器、仪表和设备大都处于大气之中，会受到大气压力的作用，仪表所测出的压力也是在大气压力基础之上的压力，即表压或真空度（负压）。而绝对压力是指物体上所受的实际压力。

当被测压力高于大气压力时，用表压表示，表压是绝对压力与大气压力之差，即

$$p_{表压} = p_{绝对压力} - p_{大气压力}$$

3. 压力仪表的分类

压力仪表即压力测量仪表，其品种、规格较多，分类方法也较多。按照转换原理的不同，压力仪表大致可以分为以下四大类。

扫一扫：视频 2.4
**膜盒式压力
传感器**

1）液柱式压力仪表

液柱式压力仪表是根据流体静力学原理来测量压力的仪表。一般采用水银或水为工作液，用 U 形管或单管进行测量，如图 2.5 所示，常用于低压、负压或压力差的测量。这类压力仪表的特点是结构简单，读数直观，使用方便。

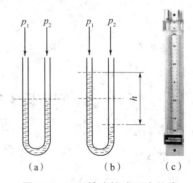

图 2.5　U 形管液柱式压力仪表
（a）$p_1 = p_2$　（b）$p_1 < p_2$　（c）外形图

在图 2.5 所示的 U 形管内装有一定量的液体,U 形管一侧通压力 p_1,另一侧通压力 p_2。当 $p_1 = p_2$ 时,如图 2.5(a)所示,左右两管的液体高度相等;当 $p_1 < p_2$ 时,如图 2.5(b)所示,左右两管内液面便会产生高度差。根据液体静力学原理可知:$\Delta p = p_2 - p_1 = \rho g h$,即液柱高度和压力差成正比。

2)弹性式压力仪表

弹性式压力仪表是将被测压力转换成弹性元件变形产生的位移进行测量的仪表,常用的有弹簧管式、膜片式、膜盒式和波纹管式等压力仪表,具有结构简单、使用可靠、读数清楚、价格低廉、测量范围广等优点,可以测量负压、微压、低压、中压和高压,因此应用十分广泛。

3)电气式压力仪表

电气式压力仪表是通过机械和电气元件将被测压力转换成电信号输出,再测量电信号以检测压力的仪表,常见的有电容式、电阻式、电感式、压电式、压阻式、应变片式等压力仪表。

4)活塞式压力仪表

活塞式压力仪表是将被测压力转换成活塞上所加平衡砝码的质量进行测量的仪表。活塞式压力仪表上的砝码标的是压力值。其测量精度很高,允许误差可小到 0.05%~0.02%,一般作为一种标准型压力测量仪器,可校验其他类型的压力仪表。活塞式压力仪表校验台如图 2.6 所示。

图 2.6　活塞式压力仪表校验台

压力仪表按其测量精度可分为精密压力仪表、一般压力仪表。精密压力仪表的测量精度等级分别为 0.1 级、0.16 级、0.25 级、0.4 级等;一般压力仪表的测量精度等级分别为 1.0 级、1.6 级、2.5 级、4.0 级。

压力仪表按其测量范围可分为真空表、压力真空表、微压表、低压表、中压表及高压表。真空表用于测量小于大气压力的压力值;压力真空表用于测量小于和大于大气压力的压力值;微压表用于测量小于 60 000 Pa 的压力值;低压表用于测量 0~6 MPa 的压力值;中压表用于测量 10~60 MPa 的压力值;高压表用于测量 100 MPa 以上的压力值。

压力仪表按其显示方式可分为指针压力仪表和数字压力仪表。

压力仪表按其使用功能可分为就地指示型压力仪表和带电信号控制型压力仪表。

2.2.2　弹性式压力仪表

1. 弹性元件

弹性式压力仪表测压的敏感元件为弹性元件,它也经常作为气动单元组合仪表的基本组成元件。常用的弹性元件有膜片(平膜片和波纹膜片)、膜盒、波纹管和弹簧管(单圈和多圈),它们的结构如图 2.7 所示。

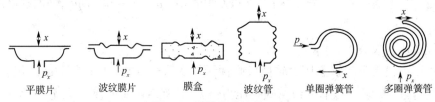

平膜片　　　波纹膜片　　　膜盒　　　波纹管　　单圈弹簧管　　多圈弹簧管

图 2.7　弹性元件结构示意

p_x—作用在弹性元件上的压力;x—弹性元件的位移

1)薄膜式弹性元件

薄膜式弹性元件可以分为膜片和膜盒等。膜片是由金属或非金属材料做成的具有弹性的一张薄片,在压力作用下能产生变形。有时为了增加它的弹性位移范围,将其表面制成波纹状,所以膜片有平膜片和波纹膜片两种。膜盒就是将两张金属膜片沿外圈对焊起来,形成一个封闭的金属盒,内部充满硅油,用于在两张膜片之间传递压力。薄膜式弹性元件的测压范围比弹簧管式的低,一般用于测低压和微压。

2)波纹管

波纹管是一个一端封闭,周围是多圈波纹状的金属薄筒。由于其易于变形,弹性位移范围较大,往往用于测量较低的压力。

3)弹簧管

弹簧管可以分为单圈弹簧管和多圈弹簧管。弹簧管的测压范围较宽,多圈弹簧管的自由端位移比单圈弹簧管大,因此一般用单圈弹簧管测高压和中压,用多圈弹簧管测低压。单圈弹簧管是弯成圈弧形的金属管子,它的截面做成扁圆形、椭圆形、半圆形和双圆形等。

2. 弹簧管压力表

弹簧管压力表主要由单圈弹簧管、传动放大机构、指针、刻度盘等几部分组成。弹簧管压力表中压力敏感元件是单圈弹簧管,其外形和结构如图 2.8 所示。管子的一端封闭,作为位移输出端,另一端开口,作为被测压力输入端。当开口端通入被测压力后,非圆横截面在压力 p 作用下将趋向圆形,并使弹簧管有伸直的趋势而产生力矩,其结果使弹簧管的自由端产生位移,同时改变中心角的大小。

被测压力由接头通入,迫使弹簧管的自由端产生位移,通过拉杆使扇形齿轮做逆时针偏转,同时指针在同轴的中心齿轮的带动下做顺时针偏转,在面板的刻度标尺上显示出被测压力的数值。游丝用来克服扇形齿轮和中心齿轮间的传动间隙导致的仪表变差。改变调整螺钉的位置(即改变机械传动的放大系统),可以实现压力仪表量程的调整。将调整螺钉向内调可使弹簧管压力表的灵敏度增大,量程减小。

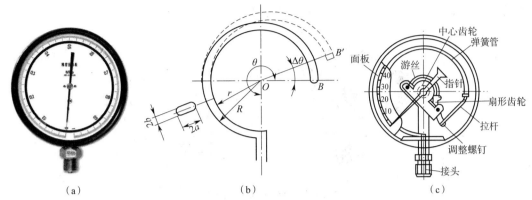

图 2.8 弹簧管压力表的外形和结构

（a）弹簧管压力表外形 （b）单圈弹簧管结构 （c）弹簧管压力表结构

弹簧管的材料，因被测介质的性质与被测压力的高低而不同，一般在 $p > 20\ \text{MPa}$ 时，采用不锈钢或合金钢，在 $p < 20\ \text{MPa}$ 时，采用磷青铜。但是选用压力仪表时，还必须注意被测介质的化学性质，例如，测量氨气压力时，必须采用不锈钢弹簧管；测量氧气压力时，严禁沾有油污，否则将有爆炸危险。由于被测介质的特殊性，在压力仪表上应有规定的色标，并注明特殊介质的名称。氧气表必须标以红色"禁油"字样，氢气表用深绿色下横线色标，氨气表用黄色下横线色标等；并且用规定颜色涂刷外壳，如氧气表（天蓝色）、氢气表（深绿色）、氨气表（黄色）、氯气表（褐色）、乙炔表（白色）、可燃气体表（红色）、惰性气体表（黑色）等。

弹簧管压力表将压力信号转换为单圈弹簧管自由端的位移信号，可以用指针清楚地指示出压力的大小，但是不便于进行电远传。如果在弹簧管压力表的弹簧管上加上霍尔元件，就构成了霍尔式压力仪表。霍尔式压力仪表通过霍尔元件将弹簧管自由端的位移信号转换为霍尔电势，实现了压力—位移—电势的转换，如图 2.9 所示。

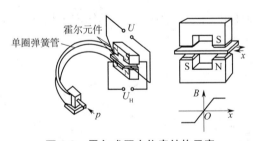

图 2.9 霍尔式压力仪表结构示意

p—压力；x—霍尔片位移；B—磁场强度；U—电压；U_H—霍尔电势

在化工生产过程中，常常使用电接点式压力仪表，根据生产要求的压力控制范围，在电接点式压力仪表上设置上限和下限，当压力低于或高于给定范围时，电接点式压力仪表就会发出报警信号。图 2.10 所示的电接点式压力仪表的指针上有一个动触点，它随着指针位置的变化而变化。在表盘上还有两个可调节的指针，上面各有一个静触点。在使用仪表测量之前，将带有静触点的两个指针分别调整到压力的上限和下限刻度位置，当仪表指针在两个静触点之间移动时，各触点没有接通，报警电路不会工作。当压力低于下限或高于上限时，动触点就会和某个静触点接触,报警电路就会被接通而进行报警。

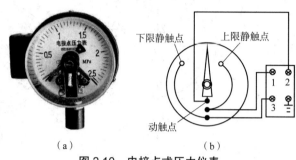

（a） （b）

图 2.10 电接点式压力仪表
（a）外形图 （b）原理图

2.2.3 应变片式压力仪表

应变片式压力仪表是利用电阻应变原理工作的。电阻应变片有金属和半导体两类。应变片式压力仪表由在弹性元件上粘贴的电阻应变片和转换电路构成。当被测压力作用在弹性元件上时,弹性元件的变形引起应变片的阻值变化,通过转换电路将阻值转变成电压输出,电压变化的大小反映了被测压力的大小。

应变片是一种能将机械构件的应变变化转换为电阻变化的传感元件。图 2.11 为金属电阻应变片结构示意。在其结构中,由排列成网状的高阻金属丝、栅状金属箔或半导体片构成的敏感栅,用黏合剂贴在绝缘的基片上,敏感栅上贴有覆盖层（即保护片）。电阻丝较细,直径一般为 0.015~0.06 mm,其两端焊有较粗的低阻镀锡铜丝（$\Phi = 0.1 \sim 0.2$ mm）作为引线,以便与测量电路连接。图 2.11 中,l 为应变片的标距,也称（基）栅长;b 为（基）栅宽;$l \times b$ 为应变片的使用面积。

电阻应变片的工作原理是电阻应变效应,即在导体产生机械变形时,它的电阻值相应发生变化。金属导线电阻可由下式表达:

$$R = \rho \frac{L}{S}$$

式中 ρ——电阻率;

S——截面积;

L——导线长度。

由上式可知,当应变片产生压缩应变时,其阻值减小;当应变片产生拉伸应变时,其阻值增大。用电阻应变片测压力时,需要将电阻的变化通过桥式电路转换为不平衡电势输出,并用毫伏计显示或用其他记录仪表直接显示出被测压力,从而组成应变片式压力仪表。在实际应用中,可以根据情况在电桥电路中使用单应变片、双应变片或四应变片。应变片式压力仪表多采用膜片或筒式弹性元件,图 2.12 是双应变片压力仪表结构原理图。

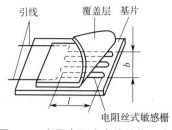

图 2.11　金属电阻应变片结构示意

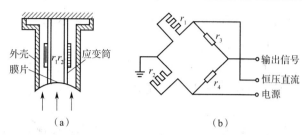

图 2.12　双应变片式压力仪表
（a）传感筒　（b）电桥电路

2.2.4　压力（差压）变送器

变送器在工业中应用较广泛,变送器常用来测量压力、差压、真空度、液位、流量和密度等。变送器大体分为压力变送器和差压变送器,最常用的为电动压力（差压）变送器,有时也采用气动压力（差压）变送器。变送器还可以分为智能变送器和非智能变送器,智能变送器使用较普遍;另外,按应用场合还分为本安型变送器和隔爆型变送器。压力（差压）变送器是单元组合仪表中不可缺少的基本单元之一。其任务是将感测部分测出的工艺参数转换成标准信号,然后根据系统的需要,送到相应单元。

扫一扫:视频 2.5
孔板及差压
变送器

压力变送器将压力信号转换为标准信号输出,而差压变送器是将两个压力的差值转换为标准信号输出。压力变送器一般用于测量一点压力,有一个引压口,而差压变送器一般用于测量两点间的压力差值,有两个引压口。压力变送器的工作原理和差压变送器相同,所不同的是压力变压器低压室的压力是大气压力,差压变送器低压室引入的是低压侧的压力。

压力变送器和差压变送器单从名称上讲,分别测量的是压力和两个压力的差,但它们间接测量的参数有很多。如压力变送器,除可以测量压力外,还可以测量敞口设备内的液位。差压变送器除了可以测量两个被测压力的差值外,还可以配合各种节流元件来测量流量,可以直接测量受压容器的液位和常压容器的液位,以及压力和负压等。

气动差压变送器是根据力矩平衡原理工作的,它可以将压力或差压转换成 20~100 kPa 的统一标准信号,送往显示仪表或控制器进行指示、记录或控制。气动差压变送器结构简单,使用方便,造价较低,测量范围广泛,在一定范围内使用者可以自行调整量程,以满足测量的要求,精度一般可达 1.0 级。因为它是以压缩空气为能源的,所以利于防爆,很适合在石油化工企业中使用,特别是为改善操作工人的劳动条件,实现集中控制提供了条件。

在使用气动差压变送器时,必须注意从取压点到一次表头整个线路中的防堵、防漏;差压变送器 "+" "−" 极不得装反;测量腐蚀性介质时,必须增加内装隔离液的隔离罐;还要保证压缩空气的纯净和干燥。

电动差压变送器的结构除电动转换部分以外,其他基本与气动差压变送器相同。电动差压变送器以 220 V 交流电为能源,将被测差压信号转换成直流 0~10 mA 或 4~20 mA 的标准信号,送往控制器或显示仪表进行控制、指示和记录。

1. 电容式压力(差压)变送器

电容式压力(差压)变送器包括差动电容传感器和变送器电路两部分。变送器电路包括高频振荡器、振荡控制电路、放大器及量程调整电路等。电容式差压变送器如图 2.13 所示。

电容式压力(差压)变送器具有结构简单、体积小、抗腐蚀、耐振性好、过压能力强、性能稳定可靠、精度较高、动态性能好、电容相对变化大、灵敏度高等特点。

电容式差压变送器的结构可以有效地保护测压膜片。当差压过大并超过允许测量范围时,测压膜片将平滑地贴靠在玻璃凹球面上,因此不易损坏,过载后的恢复特性很好,这大大提高了其过载承受能力。与力矩平衡式压力(差压)变送器相比,电容式压力(差压)变送器没有杠杆传动机构,因而结构紧凑,密封性与抗震性好,测量精度相应提高,可达 0.2 级。电容式压力(差压)变送器在化工生产的检测中得到了广泛应用。

电容式压力(差压)变送器采用差动电容作为检测元件,输入差压作用于差动电容的可动电极板,使其产生位移,从而使差动电容的电容量发生变化,其工作原理如图 2.14 所示。

图 2.13　电容式差压变送器

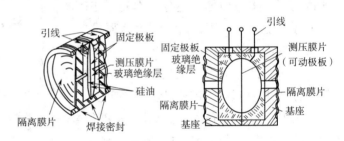

图 2.14　电容式压力(差压)变送器工作原理

电容式压力变送器的测量原理是将弹性元件的位移转换为电容量的变化,以测压膜片作为电容的可动极板与固定极板组成可变电容。当被测压力变化时,测压膜片产生位移而改变两极板间的距离,测量相应的电容值变化,可知被测压力值。玻璃绝缘层内侧的凹球面形金属作为固定极板,中间被夹紧的测压膜片(弹性平膜片)作为可动极板,从而组成两个电容。整个膜盒用隔离膜片密封,内部充满硅油。由隔离膜片感受两侧压力的作用,通过硅油传压使弹性平膜片产生位移并将向低压侧靠近,两极板间距离的变化引起两侧电容的电容值发生改变。

电容值变化量由输入转换部分变换成直流电流信号,此信号与反馈信号进行比较,二者差值送入放大电路,经放大输出直流 4~20 mA 标准信号。

2. 扩散硅压力(差压)变送器

扩散硅压力(差压)变送器采用硅杯压阻传感器作为敏感元件,具有体积小、质量轻、结构简单、稳定性好、精度高等优点,其外形如图 2.15 所示。

硅杯压阻传感器的结构如图 2.16 所示。图 2.16(a)中的硅杯由两片研磨胶合成杯状的硅膜片组成,它既是弹性元件,又是检测元件。当硅杯受压时,压阻效应使其上的扩散电阻(应变电阻)阻值发生变化,测量电路将电阻变化转换成电压变化。图 2.16(b)为硅杯上用于检测压力的硅膜片,其上用集成电路工艺制造的四个等值的薄膜电阻,可以组成电桥电路。当硅杯受到压力时,硅膜片上的电阻的阻值会发生变化,电桥电路可将电阻变化转换为电压变化。

图 2.15 扩散硅压力（差压）变送器

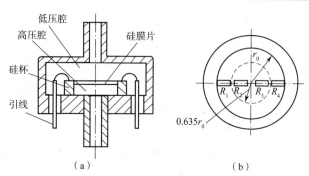

（a） （b）

图 2.16 硅杯压阻传感器结构

（a）硅杯 （b）硅膜片

硅杯的两面均浸在硅油中，硅油和被测介质之间用金属隔离膜分开。当被测差压输入测量室内作用于隔离膜片上时，膜片将驱使硅油移动，把压力传递给硅杯，转换成电阻变化，再通过电桥电路将电阻变化转换为标准信号输出。

3. 智能压力（差压）变送器

智能压力（差压）变送器是在普通压力（差压）传感器的基础上增加微处理器电路形成的智能检测仪表。智能压力（差压）变送器由压力传感器和微处理器（微机）相结合而成。它充分利用了微处理器的运算和存储能力，可对检测的数据进行处理，包括对测量信号的调理（如滤波、放大、模数（A/D）转换等）、数据显示、自动校正和自动补偿等。

微处理器是智能压力（差压）变送器的核心。它不但可以对测量数据进行计算、存储和数据处理，还可以通过反馈回路对传感器进行调节，以使采集数据达到最佳。由于微处理器具有各种软件和硬件功能，因而它可以完成传统变送器难以完成的任务。

1）智能压力（差压）变送器的主要优势

（1）实现了数字通信功能。通过具有相同通信协议的分散控制系统（Distributed Control System，DCS）或现场通信控制器，用户可对智能变送器的各种参数进行修改、设定，实现远程调试、人机对话，在线监测各种数据。

（2）与普通的压力（差压）变送器相比，它具有精度高、稳定性好、可靠性高、测量范围宽、量程比大等特点。

（3）简化了系统组成环节。智能压力（差压）变送器只需通过简单的设定即可获得与输入压力（差压）信号成平方根关系的输出信号，因而可免于使用差压式流量计的开方环节，简化了测量、控制系统的构成。

（4）各种参数能现场显示。对仪表进行简单的设定，就可以使智能压力（差压）变送器的液晶显示器（Liquid Crystal Display，LCD）模块显示各种不同的数据。

2）智能压力（差压）变送器的工作原理

世界各大自动化公司都推出了各具特色的智能变送器，而且性能不断改进，功能不断增强，种类也不断增加。以 EJA 系列智能压力（差压）变送器（图 2.17）为例介绍智能压力（差压）变送器的工作原理。EJA 系列智能压力

图 2.17 EJA 系列智能压力（差压）变送器

（差压）变送器是由日本横河电机仪表公司开发的高性能智能压力（差压）变送器,采用了先进的单晶硅谐振式传感器技术。

EJA 系列智能压力（差压）变送器由膜盒组件（内置单晶硅谐振式传感器）和智能电气转换部件两个主要部分组成。在单晶硅芯片上采用微电子机械加工技术分别在其表面的中心和边缘加工了两个形状、大小完全一致的 H 形谐振梁。由于谐振梁处于微型真空腔中,不与充灌液接触,因而确保振动时不受空气阻尼的影响。谐振梁分别将差压、压力信号转换成频率信号,送到脉冲计数器,再将两频率之差直接传递到微处理器进行数据处理,经数模（D/A）转换器,转换为与输入信号相对应的 DC 4~20 mA 输出信号,并在模拟信号上叠加一个 BRAIN/HART 数字信号进行通信。

膜盒组件中内置的特性修正存储器,存储着传感器的环境温度、静压及输入/输出特性修正数据,经微处理器运算,可使变送器获得优良的温度特性、静压特性及输入/输出特性,通过修正可满足传感器要求的一致性。

智能电气转换部分采用大规模集成电路,并将放大器制成专用集成化小型电路,从而减少了零部件,提高了放大器自身的可靠性,其体积也可以做得很小。

2.2.5 典型压力仪表的选用与安装

为了保证化工生产中压力测量和控制达到经济合理、安全、有效,必须正确地选用、安装压力仪表。

1. 压力仪表的选用

压力仪表的选用应根据工艺生产过程对压力测量的要求和其他各方面情况全面地考虑、具体地分析,一般应从以下几个方面考虑。

（1）仪表类型的选择。仪表类型的选择必须满足工艺对生产的要求,如是否需要远传变送、自动记录或报警;被测压力的变化范围;被测介质的物理、化学性质（如腐蚀性、温度高低、黏度大小、易爆易燃等）是否对测量仪表有特殊要求;现场环境条件（如高温、振动、电磁场等）是否对测量仪表有特殊要求等。

（2）仪表量程的确定。仪表的量程是根据被测参数的大小确定的,因为仪表量程的中间区域线性度好,所以选量程时,应尽量让被测工艺参数处于仪表量程的中间区域。对于弹性式压力仪表还应考虑弹性元件的弹性变形范围,留有足够的裕量,以免弹性元件遭到破坏。当压力波动不大时,被测压力的变化应在 1/3~3/4 量程。当压力波动大时,被测压力的变化应在 1/3~2/3 量程。

（3）仪表精度的确定。根据工艺所允许的最大测量误差和仪表量程,可以计算出仪表的精度。但计算出的精度不一定正好是精度系列中的数字,这时选比这个数字低一些的精度,当然数字越小,精度越高,但仪表价格也越贵,操作和维护越复杂。因此,在满足工艺要求的前提下,应尽可能选用精度较低、价廉耐用的仪表。

（4）仪表型号的确定。根据种类、量程、精度,查相应的规格,确定仪表的型号。

2. 压力仪表的安装

（1）测压点的选择原则。测压点要选在被测介质做直线流动的直管段上,不可选在管路拐弯、分岔、死角或易形成旋涡的地方。

测量液体时,取压点应在管道中、下侧部;测量气体时,取压点应在管道上部;测量蒸汽时,取压点应在管道两侧中部;测量流动介质时,导压管应与介质流动方向垂直,管口应与管壁平齐,并且不能有毛刺。

（2）引压管的敷设。引压管应粗细合适,一般内径为 6~10 mm。引压管的水平段应有一定的斜度,以利于排出冷凝液体或气体。当被测介质为气体时,导管应向取压口方向低倾;当被测介质为液体时,导管应向测压仪表方向倾斜;当被测参数为较小的差压值时,倾斜度可再稍大一点。

（3）为了保证仪表不受被测介质侵蚀或黏度太大、结晶的影响,应加装隔离装置。

（4）为了保证仪表不受被测介质急剧变化或脉动压力的影响,应加装缓冲器。尤其压力剧增和压力陡降最容易使压力仪表损坏报废,甚至会发生弹簧管崩裂,出现泄漏现象。

（5）为了保证仪表不受振动的影响,压力仪表应加装减振装置及固定装置。

（6）测量蒸汽压力时,应加装凝液管,以防止高温蒸汽直接与测压元件接触;对于腐蚀性介质的压力测量,应加装有中性介质的隔离罐。

任务 3　物位的检测方法与仪表

2.3.1　物位检测概述

1. 物位的基本概念

物位是液位、料位和界面的总称,如图 2.18 所示。液位指各种容器或设备中液体介质液面的高低;料位指固体或颗粒状物料的堆积高度;界面指两种不相溶液体介质的分界面的位置。根据具体用途,物位检测仪表分为液位计、料位计和界面计。

扫一扫:PPT 2.3
物位的检测
方法与仪表

扫一扫:视频 2.6
物位的检测
方法与仪表

液位

料位

界面

图 2.18　液位、料位和界面示意

工业上通过物位检测能正确获取各种容器或设备中所储物质的体积和质量,能迅速正确反映某一特定基准面上物料的相对变化,监视或连续控制容器或设备中的介质物位,或对物位上、下极限位置进行报警。在许多生产过程中,物料的变化将影响压力、温度、流量等工艺参数的稳定。

物位检测的作用主要有以下三个方面:

(1)确定容器中的贮料数量,以满足连续生产的需要或进行经济核算;

(2)监视或控制容器的物位,使它保持在规定的范围内;

(3)对物位的上、下极限位置进行报警,以保证生产安全、生产正常进行。

2. 物位检测仪表的主要类型

物位的检测方法很多,所以物位检测仪表的分类方式也很多。按照工作方式,物位检测仪表可以分为接触式和非接触式两大类;按工作原理,它可以分为下列几种类型。

1)直读式

直读式液位仪表是根据连通器原理工作的,容器的液位可以直接读出。这类仪表主要有玻璃管液位计(图2.19)、玻璃板液位计等。

2)浮力式

浮力式液位计根据浮子高度随液位高低而改变或液体对浸沉在液体中的浮子(或称沉筒)的浮力随液位高度变化而变化的原理测量液位,如图2.20所示。其检测元件有浮子、浮球和沉筒等几种。根据测量原理,其可以分为恒浮力式和变浮力式两大类型。

图2.19　玻璃管液位计

图2.20　浮力式液位计

3)差压式

差压式物位仪表根据液柱或物料堆积高度变化导致某点上产生的静(差)压力变化的原理测量物位。

4)电学式

电学式物位仪表把物位变化转换成各种电量变化,通过测量这些电量的变化而测量物位,又可以分为电阻式、电感式和电容式等几种。

5)核辐射式

核辐射式液位仪表根据同位素射线透过物料时,其强度随物质层厚度的变化而变化的原理测量液位。

6）声学式

声学式物位仪表根据物位变化引起声阻抗和反射距离变化而测量物位，又可以分为声波遮断式、反射式和声阻尼式。例如，超声波液位计就是较常用的声学式物位仪表。

7）其他形式

其他形式有微波式（雷达液位计）、激光式、射流式、光学式等。

一般直读式、浮力式、差压式、电学式都属于接触测量仪表，而辐射式、声学式、微波式、光学式等都属于非接触测量仪表。

2.3.2　差压式液位计

不可压缩的液体对容器底部的压力与其高度成正比。差压式液位计（图 2.21）的测量原理就是容器中的液位改变时，液柱产生的差压也相应变化。利用压力（差压）变送器可以很方便地测量液位，而且能输出标准电流信号。

差压式液位计测量密闭容器液位的原理如图 2.22 所示。将差压变送器与容器底部水平安装，通过引压管把容器底部静压引入差压变送器的正压室，将容器上端气相压力引入差压变送器的负压室。

图 2.21　差压式液位计

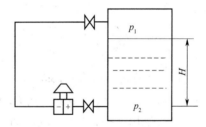

图 2.22　差压式液位计测量密闭容器液位的原理

根据流体静力学原理，可知：

$$p_2 = p_1 + \rho g H$$

式中　H——液位高度；

　　　ρ——液体的密度；

　　　g——重力加速度。

容器上下差压 Δp 与液位 H 的关系为

$$\Delta p = p_2 - p_1 = \rho g H$$

通常被测介质的密度是已知的，所以压力差和液位高度成正比，只要测出差压就可以知道液位高度。

对于上端与大气相通的敞口容器，图中的压力 p_1 即为大气压力 p_0，其压力差的计算方法和密闭容器相同，差压 Δp 和液位高度 H 的关系为

$$\Delta p = p_2 - p_0 = \rho g H$$

1. 零点迁移问题

使用差压变送器测量液位高度时,要求差压变送器的安装位置和容器底部的取压口水平。在实际安装时,为了读数和维护方便,不一定能满足这一要求。在测量腐蚀性液体时,如果加装隔离罐,隔离液也会产生附加静压,因此会造成容器中液位高度为 0 时,仪表指示数值不为 0 的现象。为了使差压变送器能够正确地指示液位高度,必须对差压变送器进行零点调整,使它在液位为 0 时的输出信号为"0"(输出电流为 4 mA),这种调整称为零点迁移。

1)无迁移

使用差压变送器测量液位高度时,在一般情况下,测得的压力差应该和液位高度成正比,即 $\Delta p = \rho g H$。当液位高度 $H = 0$ 时,差压 $\Delta p = 0$,即差压变送器的正压室和负压室压力相等,对于输出范围为 4~20 mA 的差压变送器,输出 $I_0 = 4$ mA;当液位高度达到最大值时,压力差也达到最大值,此时输出 $I_0 = 20$ mA。这属于"无迁移"情况。

但是在实际应用中,液位高度 H 和差压 Δp 之间的关系往往不是这么简单,可能会出现液位高度 $H = 0$ 时,差压 $\Delta p \neq 0$ 的情况。这是由于安装位置条件不同,所以可能存在着零点迁移问题。

2)正迁移

如果压力变送器与容器底部不在相同高度处,如差压变送器在容器下方 h 处(图 2.23)。这时作用在差压变送器正、负压室的压力关系为

$$p_2 = p_1 + \rho g(H + h)$$

则差压

$$\Delta p = p_2 - p_1 = \rho g H + \rho g h$$

当液位高度 $H = 0$ 时,差压 $\Delta p = \rho g h > 0$,即当容器内液位高度为 0 时,差压变送器的正、负压室压力不同,输出一个正的压力差,这时差压变送器的输出大于 4 mA;当液位高度达到最大值时,差压变送器的输出就会大于 20 mA。这是由于引压管中高度为 h 的液柱产生压力造成的。这种现象称为"正迁移"。

为了使仪表的输出能够正确反映液位高度,就要采取措施使液位高度的零值与变送器 4 mA 的输出相对应,满度值与变送器 20 mA 的输出相对应。一般可以通过在仪表中加迁移弹簧或调整差压变送器电路中的调零电位器以抵消固定正差压 $\rho g h$ 的影响。

零点迁移的作用是改变差压变送器的零点,但是不改变其量程,即同时改变了测量范围的上、下限,相当于测量范围的平移。如果要调整测量范围,则需要调整差压变送器的调整满量程电位器。

3)负迁移

有时为了防止容器内液体和气体进入变送器而造成引压管堵塞或腐蚀,需要在正、负压室和取压点之间安装隔离罐,并充以密度为 ρ_1 的隔离液,如图 2.24 所示。

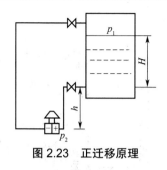
图 2.23 正迁移原理

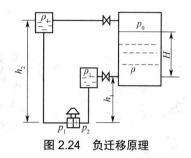
图 2.24 负迁移原理

这时作用在差压变送器正、负压室的压力分别为

$$p_1 = p_0 + \rho_1 g h_2$$
$$p_2 = p_0 + \rho g H + \rho_1 g h_1$$

则差压

$$\Delta p = p_2 - p_1 = \rho g H + \rho_1 g (h_1 - h_2)$$

当液位高度 $H = 0$ 时，压力差 $\Delta p = \rho_1 g (h_1 - h_2) < 0$，即当容器内液位高度为 0 时，差压变送器的正、负压室压力不同，输出一个负的差压，这时差压变送器的输出就小于 4 mA；当液位高度达到最大值时，差压变送器的输出就会小于 20 mA。这种现象称为"负迁移"。可以在仪表中加入迁移弹簧，抵消固定负差压 $\rho_1 g (h_1 - h_2)$ 的影响。

正、负迁移的区别在于：当液位高度 $H = 0$ 时，若固定差压 $\Delta p < 0$，则为负迁移；当液位高度 $H = 0$ 时，若固定差压 $\Delta p > 0$，则为正迁移。

【例 2.3】 根据图 2.25 所示的迁移示意，差压变送器的测量范围为 0~5 000 Pa，分析"正迁移"和"负迁移"有什么不同？

答 无迁移时，差压从 0 变化到 5 000 Pa，差压变送器的输出 I_0 从 4 mA 变化到 20 mA，如图 2.25 中曲线 b 所示。曲线 a 在差压从 −2 000 Pa 变化到 3 000 Pa 时，差压变送器的输出 I_0 从 4 mA 变化到 20 mA，在保持量程 5 000 Pa 不变的情况下，向负方向迁移了一个固定差压 2 000 Pa，这种情况为负迁移。曲线 c 在差压从 2 000 Pa 变化到 7 000 Pa 时，变送器的输出 I_0 从 4 mA 变化到 20 mA，在保持量程为 5 000 Pa 不变的情况下，向正方向迁移了一个固定差压 2 000 Pa，这种情况为正迁移。

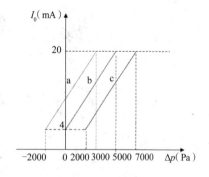
图 2.25 迁移示意

2. 法兰式差压变送器

在实际应用中，如果被测介质具有腐蚀性或者含有结晶颗粒，以及黏度大、易凝结，为了防止变送器引压管被堵塞或腐蚀，一般要采用法兰式差压变送器，如图 2.26 所示。将变送器的法兰直接和容器的法兰连接，再将变送器与容器法兰的连接端用金属膜盒封闭，然后经毛细管与变送器的测压室相连，在膜盒、毛细管和变送器测压室形成的密闭系统中充满硅油，作为传压介质。这样被测介质就不会进入毛细管和变送器了，避免了堵塞。法兰式差压变送器的原

理如图 2.27 所示。

图 2.26　法兰式差压变送器

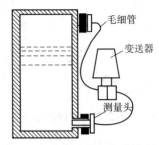

图 2.27　法兰式差压变送器原理

　　法兰式差压变送器按结构形式可以分为单法兰式和双法兰式两种。法兰按构造又分为平法兰和插入式法兰两种。如果容器和差压变送器之间只需一个法兰将管路接通,则称为单法兰液位计。如果容器和差压变送器之间必须采用两个法兰分别将液相和气相压力导至差压变送器的正、负压室,则称为双法兰差压变送器。

　　用单法兰液位计测量开口容器的液位时,液位计已校好后,如因维护需要,将液位计的安装位置下移了一段距离,那么液位计指示值会上升,所以要尽量避免。

2.3.3　电容式物位计

　　电容式物位计是将物位的变化转换成电容量的变化,通过测量电容量的大小来间接测量物位高低的物位检测仪表,如图 2.28 所示。它由电容物位或液位传感器和检测电容的测量线路组成。根据被测介质的不同,电容式物位计有多种形式。

图 2.28　电容式物位计

1. 电容式液位计

　　电容两极板之间介质的高度发生变化时,电容量也会发生变化。因此,可根据电容两极板之间介质厚度变化所引起的电容量变化,测量液位、料位或两种不同液体的分界面。

　　电容式液位计是根据圆筒电容原理工作的。如图 2.29 所示,圆筒电容由两个同轴圆柱极板组成,两极板之间介质的介电常数为 ε,内筒外径为 d,外筒内径为 D, H 为两筒重叠部分的高度,则电容量为

$$C_0 = \frac{2\pi\varepsilon H}{\ln\dfrac{D}{d}}$$

对于不导电液体,如果在两极板之间充入液体的高度为 h,两极板和中间介质就构成了电容式传感器,可用于测量液位高低。结构原理如图 2.30 所示。

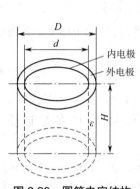

图 2.29　圆筒电容结构

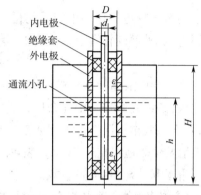

图 2.30　测量非导电液体液位

当被测介质为导电液体时,内电极要用绝缘物(如聚乙烯)覆盖,作为中间介质,而液体和外电极一起作为外电极。导电液体的液位测量如图 2.31 所示。在液体中插入一根带绝缘套管的电极,由于液体是导电的,容器和液体可视为电容的一个电极,插入的金属电极作为另一电极,绝缘套管为中间介质,三者组成圆筒电容。

用电容液位计测量导电液体的液位时,由于中间介质为绝缘套管,所以所组成电容的介电常数是不变的。当液位变化时,电容两极被浸没的深度随之而变,相当于电极面积在改变。液位越高,电极被浸没的深度就越深,相应地电容量就越大。

电容式液位计可实现液位的连续测量和指示,也可与其他仪表配套实现自动记录、控制和调节。

2. 电容式料位计

用电容式料位计可以测量固体块状颗粒体及粉料的料位。由于固体间磨损较大,容易"滞留",可用电极棒及容器壁组成电容的两极来测量非导电固体料位。用金属电极棒插入容器来测量料位如图 2.32 所示。

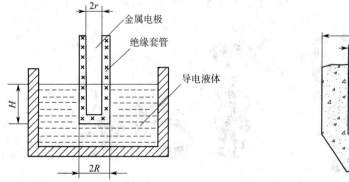

图 2.31　测量导电液体液位　　　　图 2.32　用金属电极棒插入容器来测量料位

当罐内放入被测物料时,由于受被测物料介电常数的影响,传感器的电容量将发生变化,电容量变化量与被测物料在罐内的高度有关,且成比例变化。检测出这种电容量的变化量就可测定物料在罐内的高度。两种介质常数差别越大,极径D与d相差越小,料位计的灵敏度就越高。

3. 电容式物位计选型和使用

对于测量非导电液体的电容式物位计,当测黏度较低的非导电液体(如轻油等)时,可采用一金属电极,外部同轴套上一金属管,相互绝缘固定,以被测液体为中间介质构成同轴套圆筒电容。

对于测量导电液体的电容式物位计,容器和液体作为电容的一个电极,插入的金属电极作为另一电极,绝缘套管作为中间介质,三者组成圆筒电容。当容器为非导电体时,需另加一个接地极,其下端浸至被测液体容器底部,上端与安装法兰有可靠的导电连接,以使两电极中有一个与大地及仪表地线相连,保证仪表正常测量。

当测量粉状非导电固体料位和黏滞性非导电液体液位时,可将金属电极直接插入圆筒容器的中央,将仪表地线与容器相连,以容器作为外电极,物料或液体作为中间介质构成圆筒电容。

所以应根据现场实际情况,即被测介质的性质(导电特性、黏性)、容器类型(规则/非规则金属罐),选择合适的电容式物位计。

2.3.4 超声波液位计

超声波液位计是由微处理器控制的数字物位仪表,如图 2.33 所示。在测量过程中,脉冲超声波由传感器(换能器)发出,声波经物体表面反射后被同一传感器接收,转换成电信号,微处理器根据声波发射和接收之间的时间计算传感器到被测物体的距离。由于它采用非接触式测量,被测介质几乎不受限制,可广泛用于各种液体和固体物料高度的测量。超声波液位计根据传声介质的不同,可分为气介式、液介式和固介式三类。

超声波液位计是利用超声波在两种介质的分界面上的反射特性差异进行检测的。若从发射超声脉冲开始到换能器接收到反射波为止的这个时间间隔为已知,就可以求出分界面的位置,利用这种方法可以对液位进行测量。根据发射和接收换能器的功能,传感器又可分为单换能器和双换能器。单换能器超声波液位计的超声波发射和接收均使用一个换能器,而双换能器超声波液位计的传感器对超声波的发射和接收各用一个换能器。

图 2.33 超声波液位计

单换能器超声波液位计的结构示意如图 2.34 所示。超声波发射和接收换能器可设置在容器底部即液体中,让超声波在液体中传播,由于超声波在液体中衰减比较小,所以即使发出的超声波的脉冲幅值较小也可以传播。超声波发射和接收换能器也可以安装在液面的上方,让超声波在空气中传播,这种方式便于安装和维修,但超声波在空气中的衰减比较大。

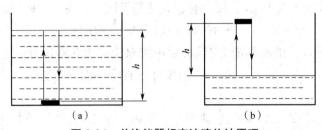

图 2.34　单换能器超声波液位计原理

(a)超声波发射和接收换能器安装在容器底部　(b)超声波发射和接收换能器安装在液面上方

对于安装在液体中的单换能器,超声波从发射到液面,又从液面反射到换能器的距离为 2 倍液位高度,已知超声波在液体中的传播速度为 v,则超声波传播的时间为

$$t = \frac{2h}{v}$$

式中　h——换能器距液面的距离。

因此可以测得

$$h = \frac{vt}{2}$$

双换能器超声波液位计的原理如图 2.35 所示。

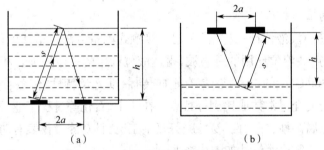

图 2.35　双换能器超声波液位计原理

(a)超声波发射和接收换能器安装在容器底部　(b)超声波发射和接收换能器安装在液面上方

对于安装在液体中的双换能器来说,超声波从发射到被接收经过的路程为 $2s$,根据超声波在液体中传播的时间和速度可计算出传播距离

$$s = \frac{vt}{2}$$

因此液位高度

$$h = \sqrt{s^2 - a^2}$$

式中　s——超声波反射点到换能器的距离;

a——两换能器间距的一半。

从以上公式可以看出,只要测得超声波脉冲从发射到接收的时间间隔,便可以求得待测的液位。

超声波液位计的精度高,使用寿命长,耐腐蚀,不受介质介电常数、电导率、热导率的影响。但若液体中有气泡或液面发生波动,便会有较大的测量误差。在一般使用条件下,它的测量误差为 ±0.1%,检测液位的范围为 $10^{-2} \sim 10^4$ m,所以安装时要尽量避开气泡、障碍物、波浪等干扰因素。而且超声波液位计的耐温能力有限,超声波只能应用在常压常温范围内,大多数小于 60 ℃,个别特殊产品可达 100 ℃。超声波液位计在真空环境下无法测量,因为它需要空气作为传播介质。

超声波液位计对于腐蚀性、有结层或者是含酸碱废水来说,是一种非常理想的测量工具。超声波液位计可测量的介质包括盐酸、硫酸、氢氧化物、废水、树脂、石蜡、泥浆、碱液和漂白剂等,广泛应用于水处理、化工、电力、冶金、石油、半导体等行业。

2.3.5　雷达液位计

雷达液位计是 20 世纪 60 年代中期国外开始生产并使用的产品,是一种采用微波测量技术的液位测量仪表,其特点是没有可动部件、不接触介质、没有测量盲区,在发明应用初期主要用于海船油槽液位测量。它克服了以前使用机械式接触式液位仪表的诸多缺点,如清洗维修困难和使用不便等,满足了油槽频繁排放、加注操作中液位仪表部件免清洗、免维修的使用要求。随后,雷达液位计用于储罐液位的测量。它特别适用于高温、高压及黏度较大的易燃、易爆液态物质的液位测量,如液化石油气、沥青、高度污染性的液态化工产品等,因此雷达液位计应用范围日益广泛。

1. 雷达液位计的工作原理

雷达液位计和超声波液位计一样,也采用非接触式测量方法。雷达液位计和超声波液位计的主要区别是:超声波液位计用的是声波,雷达液位计用的是电磁波。相比于超声波,微波(频率为 300 MHz~300 GHz 的电磁波)具有定向传播、准光学特性、传输特性好、介质对电磁波的吸收与介质自身的介电常数成比例等特点。在化工、石化等过程工业领域,由于被测介质普遍存在高温、高压、腐蚀性、挥发性、易冷凝等复杂工况,且对测量仪表有防爆要求,所以常采用非接触式测量方法。雷达液位计如图 2.36 所示。

雷达液位计的基本工作过程是发射—反射—接收,其工作原理如图 2.37 所示。

图 2.36　雷达液位计

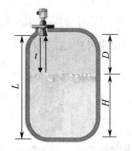

图 2.37　雷达液位计工作原理

雷达液位计的天线以波束的形式发射极窄的微波脉冲,这些以光速传播的电磁波经被测对象表面反射回来的回波信号仍由天线接收,电磁波从发射到接收的时间间隔与天线到液面的距离成正比。

在实际应用中,雷达液位计的技术有两种,即调频连续波技术和脉冲波技术。采用调频连续波技术的雷达液位计,功耗大,须采用四线制,电子电路复杂。采用脉冲波技术的雷达液位计,功耗低,可用二线制的直流 24 V 供电,容易实现本质安全,精度高,适用范围更广。

2. 雷达液位计的特点

雷达液位计的最大特点是适于在恶劣条件下工作,无论对于有毒介质还是腐蚀性介质,也无论对于固体、液体还是粉尘、浆状介质,它都可以进行测量。雷达液位计可以连续准确地测量液位,探头几乎不受温度、压力、气体等的影响,维护方便,操作简单,并且可直接安装到储罐顶部。

3. 雷达液位计的安装注意事项

雷达液位计的正确测量,依赖于回波信号。如果在所选择安装的位置,液面不能将电磁波反射回天线或在信号波的范围内有干扰物产生的干扰反射波给天线,雷达液位计都不能正确反映实际液位。因此,合理选择安装位置对雷达液位计十分重要,在安装时应注意以下几点。

（1）雷达液位计天线的轴线应与液位的反射表面垂直。天线平行于测量槽壁,利于微波的传播。

（2）槽内的搅拌阀、槽壁上的黏附物和阶梯等物体,如果在雷达液位计的信号传播范围内,那么会产生干扰反射波,影响液位测量。在安装时要选择合适的安装位置,以避免这些因素的干扰。安装位置距槽壁距离应大于 30 cm,以免液位计将槽壁产生的虚假信号误当作回波信号。

（3）喇叭式雷达液位计的喇叭口要超过安装孔内表面一定距离（> 10 mm）。棒式雷达液位计的天线要伸出安装孔,安装孔的长度不能超过 100 mm。对于圆形或椭圆形容器,雷达液位计应装在离中心为 $R/2$（R 为容器半径）距离的位置,不可装在圆形或椭圆形容器顶的中心处,否则干扰反射波在经容器壁的多重反射后,汇集于容器顶的中心处会形成很强的干扰波,影响准确测量。

（4）对液位波动较大的容器进行液位测量时,可采用附带旁通管的雷达液位计,以减少液位波动的影响。

2.3.6　核辐射式仪表

对高温、高压、高黏度、强腐蚀、易爆、有毒介质液面的非接触式连续测量和位式测量,在使用其他液位仪表难以满足测量要求时,可选用核辐射式仪表。

大国工匠李刚:一线工人也能创新研究

李刚,中铁工程装备集团盾构制造公司技术管理部副部长,是盾构制造行业里为数不多的高级技师。他不仅是电气上的"刀手",还是一位工人科学家。

2003 年,李刚调入盾构制造公司,恰逢"863"计划"盾构机模拟实验平台"落户盾构制造公司,李刚从一名最基础的电气工入手,开始介入"盾构机模拟实验平台"项目。

当时国内外盾构机市场均被"洋盾构"所垄断,"盾构机模拟实验平台"就是制造国产盾构机的起步项目,李刚从图纸开始,梳理每个系统、每条电缆走向,每个接头对接,从零开始,从陌生到熟悉,从熟悉到熟稔于胸,这个过程他用了整整五年。

2007 年,"盾构机模拟实验平台"通过"863"计划专家评审组验收,随后,李刚又投身到第一台国产盾构机的制造之中,负责这台盾构机的电气系统。2008 年,第一台国产盾构机顺利下线,被用于天津地铁的施工,也是国产盾构机第一次用于"实战",获得了施工方和业主的一致好评,拉开了盾构机国产化的大幕。

近年来,中铁装备生产的盾构机不仅用于地铁、山岭隧道、水利工程施工,更是走出国门,在新加坡、马来西亚、印度、黎巴嫩等国大显身手,李刚就是这些设备的电气系统"操盘手"。

在李刚心中,盾构机制造虽然实现了国产化,但如何完善国产盾构机内部构件,优化其性能却仍待解决。于是,李刚再次迈向创新研究之路,并带领同事成立创新研究小组。探索研究中,李刚发现,在盾构机上有无数用于测量各种液体的传感器,特别是用于测量泥浆的液位传感器,对其性能、外表硬度、灵敏度都有很高的要求,因为泥浆中经常混合有各种杂物,同时泥浆极易覆盖到传感器表面,造成传感器失灵;而且行业中使用的所有传感器都有需要定时清理的缺陷,同时现有传感器可靠性较差,使用一段时间后,其绝缘阻值下降,需要操作人员爬进仓压高达 6 个大气压的仓内清理其表面上的淤泥,并做绝缘处理,这具有很大的危险性。更重要的是,这一技术一直被国外垄断。于是李刚和他的创新小组决定根据液位传感器的原理研制新的液位传感器。

过程中,李刚他们反复测试,反复试验,不断定方案,又不断推倒方案,经过多日不分昼夜的奋战,新的液位传感器终于研制成功。这一新的液位传感器有着多处令业内人士拍案叫绝的独特设计。

对李刚来说,创新从未止步,并渗透在日常工作中。我们要学习李刚这种把每一件小事做到最好、做到极致的工匠精神。

任务 4　流量的检测方法与仪表

流量是生产过程控制达到优质高产和安全生产以及进行经济核算所必需的一个重要参数。在化工生产过程中,很多原料、半成品、成品都是以流体状态出现的。因此流量的测量和控制是生产过程自动化的一个重要环节。

扫一扫:PPT 2.4
流量的检测
方法与仪表

扫一扫:视频 2.7
流量的检测
方法与仪表

流量分为瞬时流量和累积流量。单位时间内流过管道某一截面的流体数量,称为瞬时流量。而在某一段时间内流过管道某一截面的流体数量的总和,即瞬时流量在某一段时间内的累积值,称为累积流量或总流量。工程上讲的流量常指瞬时流量。

流量又分为体积流量和质量流量。体积流量 Q 为单位时间内通过某截面的流体的体积。质量流量 M 为单位时间内通过某截面的流体的质量。

如果流体的密度为 ρ,则质量流量和体积流量的关系为

$$M = Q\rho$$

或

$$Q = \frac{M}{\rho}$$

如果以 t 表示时间,则瞬时流量和累积流量之间的关系是

$$Q_总 = \int_0^t Q\mathrm{d}t$$

$$M_总 = \int_0^t M\mathrm{d}t$$

流量计的常用计量单位为 m^3/h,t/h,kg/h,L/h,L/min 等。

2.4.1　差压式流量计

差压式流量计发展较早,技术成熟,而且结构简单,对流体的种类、温度、压力限制较少,因而应用广泛。

差压式流量计又称节流式流量计,是基于流体流动的节流原理设计的,它利用管路内的节流装置,将管道中流体的瞬时流量转换成节流装置前后的差压。差压式流量计主要由节流装置和差压计(或差压变送器)组成,如图 2.38 所示。节流装置(如孔板)的作用是把被测流体的流量转换成差压信号,差压变送器能把差压信号转换为与流量对应的标准电信号或气信号,以供显示、记录或控制。

1. 节流现象

流体在有节流装置(节流装置中间有个圆孔,孔径比管道内径小)的管道中流动时,在节流装置前后的管壁处,流体的静压力产生差异的现象称为节流现象。

节流装置前,流体压力较高,称为正压,常以"+"标识;节流装置后,流体压力较低,称为负压,常以"-"标识,如图 2.39 所示。流体流量越大,节流装置前后的差压就越大,流量与差压之间存在一定关系,因此可依据差压来测量流量。

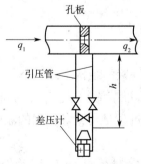

图 2.38　差压式流量计

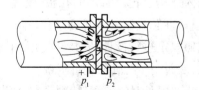

图 2.39　流体流经孔板时的节流现象

节流装置就是在管道中放置的一个局部收缩元件,应用最广泛的是孔板,其次是喷嘴、文丘里管。

扫一扫:视频2.8
文丘里管

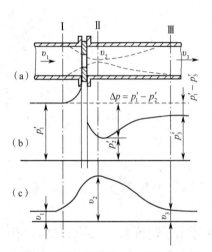

图2.40　节流装置前后压力和流速分布情况

（a）示意图　（b）压力分布曲线

（c）流速分布曲线

在管道中流动的流体具有动压能和静压能,在一定条件下这两种形式的能量可以相互转换,但参加转换的能量总和不变。图2.40为节流装置前后压力和流速分布情况,图中充分反映了能量形式的转换。由于流动是稳定的,即流体在同一时间内通过管道截面Ⅰ和孔板开孔截面时的流体量相同,流束将在孔板处形成局部收缩,这样通过孔板截面时的流速必然比通过截面Ⅰ时快。根据能量转换原理,流速增加,流体对管道的静压力将减小。由于惯性作用,流束经过孔板后会继续收缩,其直径在截面Ⅱ处达到最小,此时流速最大,静压力最小。而后流束又逐渐扩张,到了截面Ⅲ处又恢复到原来的状态。

实际应用中,要准确测量出截面Ⅰ、Ⅱ处的压力比较困难,因为产生最低静压力 p_2' 的截面Ⅱ的位置随着流速的不同会改变。因此,实际中在孔板前后的管壁上选择两个固定的取压点,来测量流体在节流装置前后的压力变化。测量时,通过引压导管将压力引入差压变送器,并将差压信号转换为电流信号输出。

2. 节流装置

常用的节流装置有孔板、喷嘴、文丘里管,如图2.41所示。其中孔板最简单又最为典型,且加工制造方便,在工业生产过程中常被采用。

图2.41　节流装置外形

（a）孔板　（b）喷嘴　（c）文丘里管

国内外均已把最常用的孔板、喷嘴、文丘里管等节流装置的结构形式、相对尺寸、技术要求、管道条件和安装要求等标准化,故这些节流装置又称标准节流装置。对于标准节流装置,只需按照规定进行设计、安装和使用,不必进行标定,就能准确地得到其精确的流量系数和膨胀系数,从而用于准确的流量测量。

节流装置长时间使用,特别是在被测介质中夹杂有固体颗粒等情况下,或者在化学腐蚀环境中长时间使用后,都会造成其几何形状和尺寸发生变化。例如,对于孔板,它的入口边缘的尖锐度会由于冲击、磨损和腐蚀而变钝,从而使测量值偏小。所以对于标准节流装置,为了保证其有足够的精度,在使用中要注意检查和维护,必要时要进行更换。在管道上安装孔板时,如果将方向装反也会造成测量值偏小,所以在安装时要注意将孔板有尖锐直角的一侧作为迎流面。

有些节流装置由于数据尚不充分,未达到规定的标准化程度,称为非标准节流装置,包括 1/4 圆孔板(也称 1/4 圆喷嘴)、圆缺孔板、偏心孔板、双重孔板、锥型入口孔板、小口径孔板、端头孔板和限流孔板等。非标准节流装置常用于检测重油、树脂、含有固体颗粒的介质以及各种浆液的流量。

3. 节流装置的选用

(1)在加工制造和安装方面,孔板最简单,喷嘴次之,文丘里管最复杂。造价高低也与此相对应。实际上,在一般场合中,孔板应用最多。

(2)当要求压力损失较小时,可采用喷嘴、文丘里管等。

(3)在测量某些易使节流装置腐蚀、沾污、磨损、变形的介质的流量时,尽量采用喷嘴。

(4)在流量值与差压值都相同的条件下,使用喷嘴有较高的测量精度,而且所需的直管长度也较短。

(5)如果被测介质是高温、高压的,则可选用孔板和喷嘴。文丘里管只适用于低压的流体介质。

4. 差压式流量计的安装

1)节流装置的安装

(1)任何局部阻力(如弯管、三通管、闸阀等)均会引起流速在截面上的重新分布,引起流量系数变化,所以在节流装置的前后要有足够长的直管段。一般孔板前为$(10{\sim}20)D$,孔板后为 $5D$。

(2)安装时,必须保证节流装置的开孔与管道同心,并使节流装置的端面与管道的轴线垂直。

(3)用孔板作为节流装置时,应该使流体从孔板有 90° 锐口的一侧流入。

2)导压管的安装

(1)测量液体的流量时,应该使两根导压管内都充满同样的液体而无气泡,以使两根导压管内的液体密度相等。取压点应该设置在节流装置的下半部,与水平线夹角 α 为 0°~45°,如图 2.42 所示。引压导管最好垂直向下安装,如条件不允许,引压导管亦应下倾一定坡度(至少 1:20~1:10),使气泡易于排出。在引压导管的管路中,应有排气的装置。如果差压式流量计只能装在节流装置之上,则须加装贮气罐。

(2)测量气体流量时,应该使两根导压管内都充满同样的气体而无液相物质,以使两根导压管内的气体密度相等。取压点应在节流装置的上半部,如图 2.43 所示。引压导管最好垂直向上安装,至少亦应向上倾斜一定的坡度,以使引压导管中不滞留液体。如果差压式流量计必须装在节流装置之下,则需加装贮液罐和排放阀。

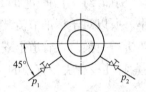

图 2.42　测量液体流量时的取压点位置

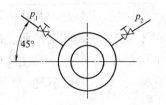

图 2.43　测量气体流量时的取压点位置

（3）在测量蒸汽时，必须解决蒸汽冷凝液的等液位问题，以消除冷凝液液位的高低对测量精度的影响。

3）差压变送器的安装

为了便于安装调试差压变送器和对变送器进行更换，应将引压导管接在变送器前，且必须安装切断阀 1、2 和平衡阀 3，如图 2.44 所示。

一般将这三个互相沟通的阀称为三阀组，如图 2.45 所示。根据每个阀在系统中所起的作用，三阀组可分为：左边的高压阀，右边的低压阀，中间的平衡阀。三阀组与差压变送器配套使用的作用是将正、负压测量室与引压点导通或断开；或将正、负压测量室断开或导通。

图 2.44　差压式流量计的安装示意　　　　图 2.45　三阀组及其连接

测量腐蚀性（或因易凝固不适宜直接进入差压式流量计）介质的流量时，必须采取隔离措施。

2.4.2　转子流量计

转子流量计是变面积式流量计的一种，一般分为玻璃转子流量计和金属转子流量计，如图 2.46 所示。金属转子流量计是工业上最常用的；对于小管径腐蚀性介质，通常用玻璃转子流量计。

1.测量原理

转子流量计采用的是恒压降、变节流面积的流量测量方法。转子流量计由从下向上逐渐扩大的垂直锥形管和转子组成，如图 2.47 所示。转子置于锥形管中且可以沿管的中心线上下自由移动。当测量流体的流量时，被测流体从锥形管下端流入，流体的流动冲击着转子，并对它产生一个作用力（这个力的大小随流量而变化）；当流量足够大时，所产生的作用力将转

扫一扫：视频 2.9
转子流量计

子托起,并使之上升。同时,被测流体流经转子与锥形管壁间的环隙面积,从上端流出。当被测流体流动时对转子的作用力,正好等于转子在流体中的重力时,转子受力处于平衡状态而停留在某一高度。

（a）　　　　　　　　　　　　　（b）

图 2.46　转子流量计
（a）玻璃转子流量计　（b）金属转子流量计

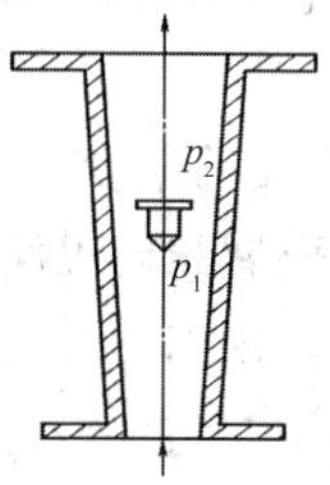

图 2.47　转子流量计的工作原理

当流体的流量增加时,流体对转子的冲击增加,转子便上升,环隙面积随之增大,环隙处流体流速迅速下降,转子上、下端的差压降低,作用于转子的向上的力随之减小,直到该力与浸在流体中转子的重力平衡时,转子再次停留在某一更高的高度。转子在锥形管中的位置与管内所通过的流量有着相互对应的关系。因此,观测转子在锥形管中的位置,就可以求得相应的流量值。

对于玻璃转子流量计,其刻度是均匀的。由此可见,转子流量计和差压式流量计一样,都是根据节流原理实现流量测量的,不同的是差压式流量计依据的是变差压节流原理,转子流量计依据的是恒差压节流原理。

玻璃转子流量计一般用于就地指示流量,也有电远传型。在电远传型玻璃转子流量计中,在用指针现场指示流量的同时再通过角位移传感器及电信号变送电路,将反映流量大小的转子高度 h 精确地转换成直流 0~10 mA 或 4~20 mA 的标准信号,进行远传、显示或记录。

2. 转子流量计的特点

转子流量计是工业生产和实验室最常用的一种流量计,具有结构简单、直观、压力损失小、维修方便等特点。转子流量计适用于测量通过管道直径 $D < 150$ mm 的小流量情况,也可以测量腐蚀性介质的流量。

玻璃转子流量计主要用于化工、石油、轻工、医药、化肥、化纤、食品、染料、环保及科学研究等各个部门,用来测量单相非脉动(液体或气体)流体的流量。防腐蚀型玻璃转子流量计主要用于腐蚀性液体、气体介质的流量检测,如强酸(氢氟酸除外)、强碱、氧化剂、强氧化性酸、有机溶剂和其他具有腐蚀性气体或液体介质。

3. 转子流量计的安装

（1）转子流量计必须竖直安装,使流体自下而上流过流量计。

（2）安装在工艺管线上的金属转子流量计应加旁路,以便处理故障或在吹洗时不影响生产。

（3）转子流量计入口处应有 5 倍管径以上长度的直管段,出口应有 250 mm 长的直管段,以保证仪表的测量精度。

（4）对于金属转子流量计,如果介质中含有铁磁性物质,应安装磁过滤器;如果介质中含有固体杂质,应考虑在阀门和直管段之间加装过滤器。

（5）当用于气体测量时,应保证管道压力不小于 5 倍流量计的压力损失,以使转子稳定工作。

（6）当被测介质的温度高于 220 ℃或流体温度过低易发生结晶时,需采用具有隔热保护措施的夹套型转子流量计,以便进行冷却或保温。

（7）管道法兰、紧固件、密封垫必须与流量计法兰标准相同,以保证仪表正常运行。为了避免由管道引起的流量计变形,工艺管线的法兰必须与流量计的法兰同轴并且相互平行,适当增加管道支撑可避免管道振动和减小流量计的轴向负荷。测量系统中控制阀应安装在流量计的下游。

2.4.3　电磁流量计

电磁流量计是 20 世纪 50—60 年代随着电子技术的发展而迅速发展起来的新型流量测量仪表。电磁流量计是根据法拉第电磁感应定律制成的,是用来测量导电液体体积流量的仪表,如图 2.48 所示。

1. 电磁流量计的工作原理

电磁流量计的工作原理是根据法拉第电磁感应定律测量导电液体的体积流量。在电磁流量计的管道外面上下两端的两个电磁线圈产生恒定磁场。当有一定电导率的流体在管道中流动时就切割磁力线。与金属导体在磁场中的运动一样,在导体(流动介质)的两端也会产生感应电动势,并由设置在管道上的电极导出。测量管道通过不导电的内衬实现自身与流体和测量电极的电磁隔离。

电磁流量计的工作原理如图 2.49 所示,其感应电动势的大小与磁感应强度、管道内径、流体流速的大小有关。

  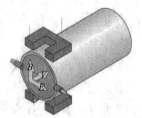

图 2.48　电磁流量计　　　　　　　　图 2.49　电磁流量计的工作原理

磁感应强度 B 及管道内径 D 固定不变,则仪表常数 k 为常数,两电极间的感应电动势 E 与流量 Q 呈线性关系,通过测量感应电动势 E 间接测量被测流体的流量 Q。

在结构上,电磁流量计由电磁流量传感器和转换器两部分组成。传感器安装在工业过程管道上,作用是将流进管道内液体的体积流量值线性地变换成感应电动势信号,电磁流量计产生的感应电动势信号是很微弱的,须通过电磁流量转换器将传感器送来的流量信号放大,并转换成与流量信号成正比的标准电信号（0~10 mA 或 4~20 mA 信号）或一定频率的脉冲信号输出，配合单元组合仪表或计算机对流量进行显示、记录、运算、报警和控制等。

2. 电磁流量计的特点

使用电磁流量计时，需注意液体应具有测量所需的电导率，并要求电导率分布大体上均匀。因此电磁流量计安装要避开容易产生电导率不均匀的场所，如果在其上游附近需加入药液，加液点最好设于传感器下游。使用时传感器测量管必须充满液体，液体应与地处于同电位，且必须接地。当工艺管道使用塑料等绝缘材料时，输送液体将产生摩擦静电等，这会造成液体与地间有电位差。

电磁流量计可以用于其他流量计不易应用的场合，如测量脏污流、腐蚀流。但是电磁流量计只能测量导电介质的体积流量，主要用于测量各种腐蚀性酸、碱、盐溶液，固体颗粒悬浮物，黏性介质（如泥浆、纸浆、化学纤维、矿浆）等溶液；也可用于测量各种对卫生有要求的医药、食品物料（如血浆、牛奶、果汁、卤水、酒类等）的流量；还适用于大型自来水管道和污水处理厂的流量测量及脉动流量测量等。

3. 电磁流量计的安装

通常，电磁流量计传感器外壳的防护等级为 IP65（《外壳防护等级（IP 代码）》（GB/T 4208—2017）规定的防尘防喷水等级），对安装场所有以下要求。

（1）测量混合相流体时，选择不会引起相分离的场所；测量双组分液体时，避免装在混合尚未均匀的下游；测量化学反应管道时，要装在反应充分完成段的下游。

（2）尽可能避免测量管内变成负压。

（3）选择振动小的场所，特别对一体型仪表。

（4）避免附近有大电动机、大变压器等，以免引起电磁场干扰。

（5）易于实现传感器单独接地的场所。

（6）尽可能避开周围有高浓度腐蚀性气体的环境。

为获得正常测量精度，电磁流量计传感器上游也要有一定长度的直管段，但其长度与大部分其他流量仪表相比要求较低。90° 弯头、T 形管、同心异径管、全开闸阀后一般需要 5D 长度的直管段，不同开度的阀则需 10D；下游直管段为（2~3）D 或无要求。

2.4.4　涡街流量计

涡街流量计主要适用于工业管道介质流体的流量测量，如气体、液体、蒸汽等介质。涡街流量计有模拟标准信号输出型，也有数字脉冲信号输出型，容易与计算机等数字系统配套使用，是一种比较先进、理想的流量计。

涡街流量计的特点是压力损失小、量程范围大、精度高，在测量工况体积流量时几乎不受流体密度、压力、温度、黏度等参数的影响。涡街流量计无可动机械零件，因此可靠性高，维护量小；结构简单，涡街变送器直接安装于管道上，克服了管路泄漏现象；压力损失较小，量程范围宽。因此，随着涡街流量计测量技术的成熟，其使用越来越广泛。常用涡街流量计如图 2.50 所示。

1. 涡街流量计的工作原理

涡街流量计是根据卡门涡街原理测量流量的。在流体中设置非流线型旋涡发生体,则从旋涡发生体两侧交替地产生有规则的旋涡,这种旋涡称为卡门涡街,如图 2.51 所示,旋涡列在旋涡发生体下游非对称地排列。满足 $h/L = 0.281$ 时,则所产生的涡街是稳定的。

图 2.50　涡街流量计

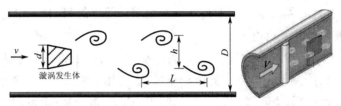

图 2.51　卡门涡街

设旋涡的产生频率为 f;被测介质的平均流速为 v;旋涡发生体迎流面宽度为 d;流量计的通径为 D;Sr 为斯特劳哈尔数,是无量纲参数,数值范围为 0.14~0.27。

当 Sr 为常数时,流量与旋涡产生的频率成正比,只要测得旋涡的产生频率 f 就可以得到体积流量。

旋涡产生频率的检测方法有热敏检测法、电容检测法、应力检测法、超声检测法等。

2. 涡街流量计的选型与安装

1)选型

选择涡街流量计需要考虑如下参数:

(1)管道的内径;

(2)被测介质的名称(蒸汽要注明是饱和蒸汽还是过热蒸汽);

(3)被测介质的工作压力;

(4)被测介质的工作温度。

2)安装

(1)涡街流量计尽量安装在远离振动源和电磁干扰较强的地方。存在振动的地方必须采用减振装置,减少管道振动的影响。

(2)直管段的配置:涡街流量计前后直管段要满足相关要求,所配管道的内径也必须和涡街流量变送器的内径一致。

(3)涡街流量计只能单向测量,安装时应注意保证介质流量方向与流量计箭头所示方向一致。

(4)涡街流量计的最佳安装方式为竖直安装,使介质自下而上通过流量计,尤其在测高温流体时,尽量采用竖直安装方式,即将流量计安装在竖直的管道上,使流量方向为自下向上。若不得不水平安装,请将流量计的变送器部分竖直向下或水平侧装,并避免温度过高。注意,安装位置处应空气流动或通风良好。

(5)水平安装时,必须将流量计装在整个系统的高压区,并保证相应的出口压力;不要将其安装在管路的最高点,因为最高点处往往有气体积聚,流体不是充满整个管道的。

(6)使用密封圈时,注意密封圈内径应略大于或等于流量计的内径,密封圈中心位于管道中心。

2.4.5　涡轮流量计

涡轮流量计具有安装方便、测量精度高(可达 0.1 级)、耐高压、反应快、可测脉动流量、刻度线性及量程宽等特点,输出信号为电频率信号,便于远传,不受干扰,且便于数字显示,可直接与计算机配合进行流量计算和控制,广泛应用于石油、化工、电力等行业。

扫一扫:视频 2.10
　　涡轮流量计

1. 涡轮流量计的工作原理

涡轮流量计由涡轮、导流器、磁电感应转换器、外壳、前置放大器等组成,如图 2.52 所示。流量计外壳为不锈钢非磁性材料,涡轮由高导磁的不锈钢制成,涡轮安放在管道中心,两端由轴承支撑。当流体通过管道时,冲击涡轮叶片,对涡轮产生驱动力矩,使涡轮克服摩擦力矩和流体阻力矩开始旋转。涡轮的转速随流量的变化而变化,即流量大,涡轮的转速就高,在一定的流量范围和一定的流体介质黏度下,涡轮的旋转角速度与流体流速成正比。涡轮的转速通过装在机壳外磁电感应转换器中的传感线圈来检测。当涡轮叶片切割由转换器的壳体内永久磁铁产生的磁力线时,就会引起传感线圈中磁通的变化。传感线圈将检测到的磁通周期变化信号送入前置放大器,对信号进行放大、整形,产生与流速成正比的脉冲信号,送入单位换算与流量计算电路得到并显示累积流量值;同时亦将脉冲信号送入频率电流转换电路,将脉冲信号转换成模拟电流量,进而显示瞬时流量值。

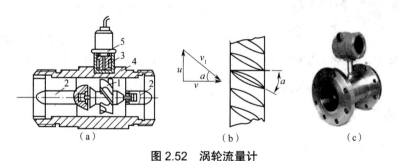

图 2.52　涡轮流量计
(a)结构　(b)叶片　(c)外形
1—涡轮;2—导流器;3—磁电感应转换器;4—外壳;5—前置放大器

2. 涡轮流量计的安装

(1)涡轮流量计可水平或竖直安装,竖直安装时流体流动方向应从下向上,液体必须充满管道,不得有气泡;涡轮流量计的前后要求设置直管段,一般前 $15D$,后 $5D$。

(2)变送器的电源线采用金属屏蔽线,接地要良好可靠。流量计应远离外界电场、磁场,必要时应采取有效的屏蔽措施,以避免外来干扰。

(3)保证流体的流动方向与仪表外壳上的箭头指示方向一致,不得装反。

（4）流量计的管道轴心应与相邻管道轴心对准,连接密封用的垫圈不得深入管道内腔。

（5）被测介质对涡轮不能有腐蚀性,特别是在轴承处,否则应采取措施。

（6）注意在安装时不能碰撞磁感应部分。

（7）安装涡轮流量计前,要清扫管道,使其内壁光滑清洁,无凹痕、积垢和起皮等缺陷。被测介质不洁净时,要加过滤器,否则涡轮、轴承易被卡住,无法测量流量。

2.4.6 超声波流量计

超声波流量计具有不阻碍流体流动的特点,可测流体种类很多,不论是非导电流体、高黏度流体,还是浆状流体,只要能传输超声波就可以进行测量。超声波流量计可用来对自来水、工业用水、农业用水和化工生产管道内介质的流量等进行测量。

1. 超声波流量计的工作原理

超声波在流体中传输时,在静止流体和流动流体中的传输速度是不同的,利用这一特点可以求出流体的速度,再根据管道中流体的截面积,便可计算出流体的流量。超声波流量计如图 2.53 所示。

如果在流体中设置两个超声波传感器,它们既可以发射超声波又可以接收超声波,一个装在上游,一个装在下游,二者距离为L,如图 2.54 所示。

图 2.53 超声波流量计

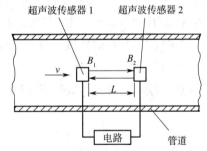

图 2.54 超声波流量计测量原理

设超声波在顺流方向的传输时间为t_1,在逆流方向的传输时间为t_2,流体静止时的超声波传输速度为c,流体流动速度为v,则

$$t_1 = \frac{L}{c+v}$$

$$t_2 = \frac{L}{c-v}$$

一般来说,流体的流速远小于超声波在流体中的传播速度,那么超声波传播时间差的计算公式为

$$\Delta t = t_2 - t_1 = \frac{2Lv}{(c+v)(c-v)} \approx \frac{2Lv}{c^2}$$

因此,流体的流速和超声波的传播时间差成正比。在实际应用中,超声波传感器通常安装在管道的外部,从管道的外面透过管壁发射和接收超声波不会给管路内流动的流体带来影响,

如图 2.55 所示。

根据使用场合的不同,超声波流量计可以分为固定式超声波流量计和便携式超声波流量计。

2. 超声波流量计的选型与应用

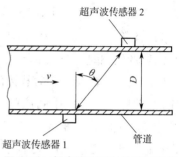

图 2.55   超声波流量计的安装位置

多普勒法超声波流量计依靠水中杂质的反射来测量水的流速,因此适用于杂质含量较多的脏水和浆体,如城市污水、污泥水浊液、工厂排放液、杂质含量稳定的工厂过程液等,而且可以测量连续混入气泡的液体。但是根据测量原理,被测介质中必须含有一定数量的散射体(颗粒或气泡),否则仪表就不能正常工作。

目前生产最多、应用范围最广的是时差式超声波流量计。它主要用来测量洁净流体的流量,在自来水公司和工业用水及江河水、回用水领域,得到广泛应用。时差式超声波流量计还可以测量杂质含量不高(杂质含量小于 10 g/L,粒径小于 1 mm)的均匀流体(如污水)等介质的流量,但不能测量含有影响超声波传输的连续混入气泡或体积较大固体物的液体。如在这种情况下应用,应在换能器的上游对介质进行消气、沉淀或过滤处理。当悬浮颗粒含量过多或因管道条件致使超声波信号严重衰减而不能测量时,可以尝试降低换能器的频率,予以解决。时差式超声波流量计的精度可达 ±1%。

2.4.7   椭圆齿轮流量计

椭圆齿轮流量计是直读累积式仪表,属于容积式流量计,用于精密地连续或间断测量管道中液体的体积流量。椭圆齿轮流量计的测量精度较高,压力损失较小,安装使用也较方便,特别适合于对重油、聚乙烯醇、树脂等黏度

扫一扫:视频 2.11
椭圆齿轮
流量计

较高介质进行流量测量,可广泛用于石油、化工、医药卫生等部门。

1. 椭圆齿轮流量计的工作原理

椭圆齿轮流量计的测量部分主要由两个相互啮合的椭圆齿轮、齿轮轴及外壳(计量室)构成,如图 2.56 所示。

(a)

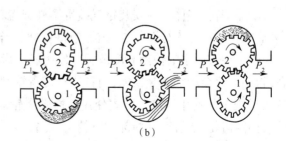

(b)

图 2.56   椭圆齿轮流量计

(a)外形   (b)工作原理

如图 2.56(b)所示,当流体从一侧流入椭圆齿轮流量计时,在齿轮上产生的压力为 p_1,齿轮另一侧的压力为 p_2,由于 $p_1 > p_2$,在 p_1 和 p_2 的作用下所产生的合力矩使处于垂直位置的椭圆齿轮产生顺时针方向的转矩,并带动处于水平位置的椭圆齿轮按逆时针方向旋转,把椭圆齿轮 1 和壳体间的半月形容积内的介质排至出口,这时椭圆齿轮 2 为主动轮,椭圆齿轮 1 为从动轮;在两椭圆齿轮的中间位置,椭圆齿轮 1 和椭圆齿轮 2 均为主动轮;之后,p_1 和 p_2 作用在椭圆齿轮 2 上的合力矩为零,作用在椭圆齿轮 1 上的合力矩使椭圆齿轮 1 做逆时针方向转动,并带动椭圆齿轮 2 把已吸入半月形容积内的介质排至出口,这时椭圆齿轮 1 为主动轮,椭圆齿轮 2 为从动轮,与初始情况刚好相反。如此往复循环,椭圆齿轮 1 和椭圆齿轮 2 互相交替地由一个带动另一个转动,将被测介质以半月形容积为单位一次一次地由进口排至出口。显然,图 2.56(b)仅仅表示了椭圆齿轮转动了 1/4 周的情况,而其所排出的被测介质为一个半月形容积。所以,椭圆齿轮每转一周所排出的被测介质体积为半月形容积的 4 倍,则通过椭圆齿轮流量计的体积流量的计算公式为

$$Q = 4nV_0$$

式中　n——椭圆齿轮的转速;

　　　V_0——半月形部分的容积。

这样,在椭圆齿轮流量计的半月形容积 V_0 一定的条件下,只要测出椭圆齿轮的转速(频率)n,便可知道被测介质的流量。椭圆齿轮流量计显式流量信号(椭圆齿轮的转速 n)的方式,有就地显示和远传显示两种。就地显示是将齿轮的转动通过一系列减速及调整转速比机构之后,直接与仪表面板上的指示针相连,并经过机械式计数器进行总量的显示。远传显示主要是通过减速后的齿轮带动永久磁铁旋转,使弹簧继电器的触点以与永久磁铁相同的旋转频率同步地闭合或断开,从而发出一个个电脉冲并远传给另一台显示仪表。

2. 椭圆齿轮流量计的使用特点

椭圆齿轮流量计是依靠被测介质的压头(势能)推动椭圆齿轮旋转而进行计量的,所以流量测量与流体的流动状态无关。这是因为黏度越大的介质,从齿轮和计量室之间的间隙中泄漏出去的泄漏量越小,因此检测介质的黏度越大,泄漏误差越小,对测量越有利。椭圆齿轮流量计的计量精度高,适用于高黏度介质的流量测量,但不适用于含有固体颗粒的流体(固体颗粒会将齿轮卡死,以致无法测量流量)。当被测液体介质中夹杂有气体时,也会引起测量误差。

在安装椭圆齿轮流量计前应清洁管道。若液体内含有固体颗粒,应在椭圆齿轮流量计的入口端加装过滤器,若含气体则应安装排气装置。椭圆齿轮流量计对前后直管段没有特别的要求,可以水平或竖直安装。安装时,应使流量计的椭圆齿轮转动轴与地面平行。

椭圆齿轮流量计有一定的使用温度范围。使用椭圆齿轮流量计时,要注意被测介质的温度不能过高,否则不仅会增加测量误差,而且还有使齿轮发生卡死的可能。为此,椭圆齿轮流量计应在仪表所规定的使用温度范围内使用。椭圆齿轮流量计的结构复杂,加工成本较高。长期使用后的椭圆齿轮流量计,其内部的齿轮会被腐蚀和磨损,因而会影响测量精度。因此,要经常注意观察,并定期拆下进行检查,若条件允许最好定期进行标定。

2.4.8　质量流量计

在工业生产领域,由于物料平衡、热量平衡以及存储、配料、经济核算等原因,使用体积流量有时会产生明显的误差,因此常常需要以质量来衡量流量。例如,相同体积的石油在不同温度时的质量会不同,温度高时石油密度减小,质量也会减小,因此容易发生贸易纠纷,而使用质量流量计则可以解决这个问题。因此质量流量计广泛应用于石油、化工、制药、造纸、食品、能源等多个领域。

质量流量是指单位时间内,流经封闭管道截面处流体的质量。用来测量质量流量的仪表统称为质量流量计。质量流量计的主要特点是可直接测量质量流量,与被测介质的温度、压力、黏度、密度变化无关。

质量流量计主要分为两类:一类是可以直接测得和质量流量成比例信号的直接式质量流量计,它可以利用检测元件使输出信号直接反映质量流量;另一类是间接式质量流量计,它可以同时检测出体积流量和被测介质的密度,通过运算得到和质量流量成比例的输出信号。

直接式质量流量计采用的测量方法主要有利用孔板和定量泵组合实现的差压式检测方法,利用同轴双涡轮组合的角动量式检测方法,应用麦纳斯效应的检测方法,基于科里奥利力效应的检测方法等。

直接式质量流量计有多种形式,其中科里奥利力式质量流量计(简称科氏力流量计)是比较常用的一种。科氏力流量计是一种利用流体在振动管中流动而产生与质量流量成正比的科里奥利力的原理来直接测量流量的仪表。

任务 5　温度的检测方法与仪表

温度是工业生产和科学实验中一个非常重要的参数。自然界中许多物质的物理特性和化学性质都与温度有关。许多生产过程中,常常需要使物料和设备的运转状态处于某一特定的温度范围。因此,对温度的测量和控制,对保证产品质量、提高生产效率、节约能源起着非常重要的作用。

扫一扫:PPT 2.5
温度的检测
方法与仪表

扫一扫:视频 2.12
温度的检测
方法与仪表

温度是表征物体冷热程度的物理量。温度不能直接测量,只能借助于冷热不同物体之间的热交换以及物体的某些物理参数随温度变化而变化的特性间接测量。为了定量地描述温度,必须建立温度标尺(即温标),温标就是温度的数值表示。各种温度计的温度数值均由温标确定。它规定了温度的读数起点(零点)和测量温度的基本单位。目前国际上用得较多的温标有华氏温标、摄氏温标和热力学温标。

扫一扫:视频 2.13
固体膨胀式
温度计

2.5.1　温度测量概述

温度测量仪表(简称温度计)通常由现场的感温元件和控制室的显示装置两部分组成,如图 2.57 所示。有些温度测量仪表的检测和显示是一体的,一般在现场使用。

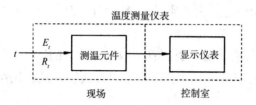

图 2.57　温度测量仪表的组成

温度测量仪表按照测量方法可分为接触式和非接触式两大类。

接触式测温是测温元件与被测介质相接触,当达到热平衡时,两者处于同一温度。这类测温仪表具有结构简单、工作可靠、精度高、稳定性好、价格低廉等优点。但因测温元件与被测介质需要进行充分的热交换,需要一定的时间才能达到热平衡,所以存在测温的延迟现象,同时受耐高温材料的限制,不能应用于很高温度的测量。接触式温度计主要有:基于物体受热体积膨胀性质的膨胀式温度计,基于导体或半导体电阻值随温度变化的电阻式温度计,基于热电效应的热电偶温度计。

非接触式测温是测温元件与被测介质不直接接触,而是通过热辐射原理来测量温度。物体辐射能量的大小与温度有关,并且以电磁波形式向四周辐射,当选择合适的接收检测装置时,便可测得被测对象发出的热辐射能量并转换成可测量和显示的各种信号,实现温度的测量。非接触式温度计主要有光电高温计、辐射高温计、光纤高温计等。非接触式测温范围广,不受测温上限的限制,可测高温、腐蚀、有毒、运动物体,及固体、液体表面的温度,也不会破坏被测物体的温度场,反应速度一般也比较快。但受到物体的发射率、测量距离、烟尘和水汽等外界因素的影响,其测量误差较大,且使用不太方便。表 2.1 给出了各种工业常用温度计的种类、测温范围及特点。

表 2.1　各种工业常用温度计的种类、测量范围及特点

测温方式	温度计种类	优点	缺点	使用范围/℃
接触式测温	玻璃液体温度计	结构简单,使用方便,测量准确,价格低廉	容易破损,读数麻烦,一般只能现场指示,不能记录和远传	−100~100(150)有机液体 0~350(−30~650)水银
	双金属温度计	结构简单,力学强度大,价格低,能记录、报警和自动控制	精度低,不能离开测量点测量,量程与使用范围均有限	0~300(−80~600)
	压力式温度计	结构简单,不怕振动,具有防爆性、价格低廉,能记录、报警和自动控制	精度低,测量距离较远时,仪表的滞后性较大,一般离开测量点不超过 10 m	0~500(−50~600)液体型 0~100(−50~200)蒸汽型

测温方式	温度计种类	优点	缺点	使用范围/℃
接触式测温	电阻式温度计	测量精度高,便于远距离、多点、集中测量和自动控制	结构复杂,不能测量高温,由于体积大,测点温度较困难	-150~500(-200~600)铂电阻 0~100(-50~150)铜电阻 -50~150(180)镍电阻 -100~200(300)热敏电阻
	热电偶温度计	测温范围广,精度高,便于远距离、多点、集中测量和自动控制	需冷端温度补偿,在低温段测量精度较低	-20~1 300(1 600)铂铑$_{10}$-铂 0~1 000(1200)镍铬-镍硅 -40~800(900)镍铬-铜镍 -40~300(350)铜-铜镍
非接触式测温	光电高温计	便于携带,可测量高温,测温时不破坏被测物体的温度场	测量时必须经过人工调整,有人为误差,不能远距离测量、记录和自动控制	900~2 000(700~2 000)
	辐射高温计	测温元件不破坏被测物体的温度场,能远距离测量、报警和自动控制,测温范围广	只能测高温,低温段测量不准,环境条件会影响测量精度,连续测高温时须进行水冷却或气冷却	100~2 000(50~2 000)

根据测温原理,温度计有多种类型,包括:应用热膨胀原理测温、应用压力随温度变化的原理测温、应用热阻效应测温、应用热电效应测温、应用热辐射原理测温。

应用热膨胀原理测温的温度计有液体膨胀式温度计、固体膨胀式温度计和气体膨胀式温度计三种。

1. 液体膨胀式温度计

在有刻度的细玻璃管里充入液体(称为工作液)就构成了液体膨胀式温度计,常用的有玻璃液体温度计和电接点式液体温度计。这种温度计一般只能就地指示温度。玻璃液体温度计常用的工作液有水银和有机液体(如酒精)两种。

电接点式液体温度计可对设定的某一温度发出开关信号或进行位式控制,有固定式和可调式两种。这种温度计既可指示又能发出通断信号,常用于温度测量和双位控制。

2. 固体膨胀式温度计

固体膨胀式温度计是以双金属元件作为温度敏感元件,利用其受热而产生膨胀变形来测温的。它含有由两种膨胀系数不同的金属紧固结合而成的双金属片,为提高灵敏度双金属片常作成螺旋形。固体膨胀式温度计分为杆式温度计和双金属式温度计两大类。图 2.58 为双金属式温度计的外形和结构示意图。

螺旋形双金属片一端固定,另一端连接指针轴,当温度变化时,双金属片弯曲变形,通过指针轴带动指针偏转显示温度。它常用于测量 -80~600 ℃的温度,抗振性能好,读数方便,但精度不太高,常用于工业过程测温、上下限报警和控制。

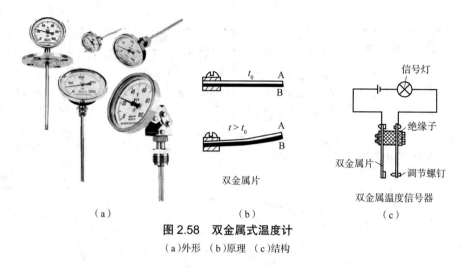

图 2.58　双金属式温度计

（a）外形　（b）原理　（c）结构

3. 气体膨胀式温度计

气体膨胀式温度计是利用封闭容器中的气体压力随温度升高而升高的原理来测温的,利用这种原理测温的温度计又称压力仪表式温度计。在它内部,由温包、毛细管和弹簧管三者的内腔构成一个封闭容器,其中充满工作物质(如氮气),工作物质的压力经毛细管传给弹簧管,使弹簧管产生变形,并由传动机构带动指针指示出被测温度的数值。

在玻璃液体温度计、压力式温度计和双金属式温度计中,抗振性能最好的是双金属式温度计,精度最高的是玻璃液体温度计,可以远距离显示的是压力式温度计。

2.5.2　热电偶温度计

热电偶温度计(简称热电偶)是工程上应用最广泛的温度计之一,在温度测量中占有重要地位。它构造简单,使用方便,具有较高的精度、稳定性及复现性;温度测量范围宽,常用的热电偶从 $-50 \sim 1\,600\,℃$ 均可连续测量,某些特殊热电偶最低可测到 $-269\,℃$,最高可达 $2\,800\,℃$。

1. 热电偶测温原理

热电偶的工作原理是基于物体热电效应的。它由两种不同材料的导体 A 和 B、导线以及测量仪表构成闭合回路,如图 2.59 所示。将导体 A 和 B 的一端焊接起来,置于温度为 t 的被测对象中检测温度的端,称为测量端,又称为工作端或热端,而置于参考温度为 t_0 的另一端,称为参考端,又称自由端或冷端。由这两种不同材料导体所组成的回路就称为热电偶。组成热电偶的导体 A、B 称为热电极。当导体 A、B 的 t 和 t_0 间存在温差时,两者之间便产生电动势,热电偶所产生的电动势称为热电动势。因而在回路中形成与温度有对应关系的电流,这种现象称为热电效应或塞贝克效应。所以,热电偶产生热电动势的条件是两热电极材料不同,两接点温度不同。热电动势与热电偶材料及接点温度有关,与热电丝的长短和粗细无关。

热电偶产生的热电动势 $E_{AB}(t,t_0)$ 由接触电动势和温差电动势两部分组成。

接触电动势是由于两种不同导体的自由电子密度不同而在接触处形成的电动势。将两种不同的金属互相接触,由于不同金属内自由电子密度不同,在两金属 A 和 B 的接触处会发生自由电子的扩散现象。自由电子将从自由电子密度大的金属 A 扩散到自由电子密度小的金属 B,使金属 A 失去电子带正电,金属 B 得到电子带负电,直至在接点处建立起足够的电场,能够阻止电子的进一步扩散,从而达到动态平衡。这种在两种不同金属的接点处产生的电动势称为接触电动势。它的数值取决于两种导体的自由电子密度和接点的温度,而与导体的形状及尺寸无关。

温差电动势是同一导体的两端因温度不同而产生的一种热电动势。如图 2.60 所示,将导体 A、B 两端分别焊接,并且置于温度为 t 和 t_0 的环境中,同一导体的两端温度不同时,高温端的电子能量要比低温端的电子能量大,因而从高温端跑到低温端的电子数比从低温端跑到高温端的要多,结果高温端因失去电子而带正电,低温端因获得多余的电子而带负电,因此,在导体两端便形成温差电动势。

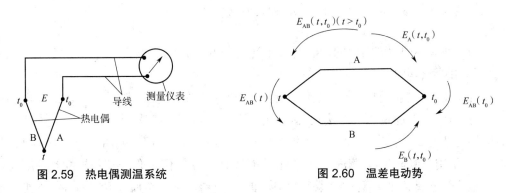

图 2.59 热电偶测温系统   图 2.60 温差电动势

实践证明,在热电偶回路中起主要作用的是两个接点的接触电动势。在总热电动势中,温差电动势比接触电动势小很多,可忽略不计。

在实际应用中,热电动势与温度之间的关系是通过热电偶分度表来确定的。分度表就是显示热电偶自由端温度为 0 ℃时,热电偶工作端温度与输出热电动势之间的对应关系的表格。

2. 热电偶的结构和分类

热电偶一般由热电极、绝缘管、保护套管和接线盒组成,其结构如图 2.61 所示。

为了准确可靠地测量温度,对组成热电偶的材料必须进行严格的选择。公认比较好的热电材料只有几种。工程上用于热电偶的材料应满足以下条件:热电动势变化尽量大,热电动势与温度的关系尽量接近线性,物理、化学性能稳定,易加工,复现性好,便于成批生产,有良好的互换性。

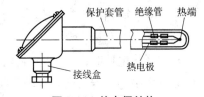

图 2.61 热电偶结构

常用的热电偶可分为标准热电偶和非标准热电偶两大类。标准热电偶是指国家标准规定了其热电动势与温度的关系、允许误差,并有统一的标准分度表的热电偶,它有与其配套的显示仪表可供选用。非标准热电偶在使用范围或数量级上均不及标准热电偶,一般也没有统一的分度表,主要用于某些特殊场合。我国几种常用的标准热电偶见表 2.2。

表 2.2　我国几种常用的标准热电偶

热电偶名称	分度号	热电极材料		测温范围/℃	
		正热电极	负热电极	长期使用	短期使用
铂铑$_{30}$-铂铑$_6$	B	铂铑$_{30}$合金	铂铑$_6$合金	300~1 600	1 800
铂铑$_{10}$-铂	S	铂铑$_{10}$合金	铂	-20~1 300	1 600
铂铑$_{13}$-铂	R	铂铑$_{13}$合金	铂	-20~1 300	1 600
镍铬-镍硅	K	镍铬合金	镍硅合金	-50~1 000	1 200
镍铬-铜镍	E	镍铬合金	铜镍合金	-40~800	900
铁-铜镍	J	铁	铜镍合金	-40~700	750
铜-铜镍	T	铜	铜镍合金	-400~300	350

注:铂铑$_{30}$表示该合金含 70%(质量百分比)铂及 30%铑,其他以此类推。

为了适应不同生产对象的测温要求和条件,热电偶的结构形式有普通装配式热电偶、铠装热电偶和薄膜热电偶等。

普通装配式热电偶在工业上使用最多。按安装时的连接形式,普通装配式热电偶可分为固定螺纹连接式、固定法兰连接式、活动法兰连接式、无固定装置式等多种形式。普通装配式热电偶的结构简单、安装空间小,接线方便,已做成标准形式,但时间滞后大,动态响应慢,安装较困难,常用于测量气体、蒸汽、液体等介质对实时性要求不高,但要快速拆卸时的温度。

铠装热电偶又称套管热电偶,是由热电偶丝、绝缘材料和金属套管三者经拉伸加工而成的坚实组合体。它可以做得很细很长,使用中随需要能任意弯曲。铠装热电偶的主要优点是测温端热容量小,对被测物影响小;动态响应快;机械强度高,有很好的防振、防冲击性能;挠性好,可安装在结构复杂的装置上;可按需制成不同长度,直接引到仪表,且不加补偿线;适用于测量狭小对象上各点的温度或实时性要求较高的场合。因此被广泛用在许多工业部门中。

薄膜热电偶是由两种薄膜热电极材料,用真空蒸镀、化学涂层等办法加工到绝缘基板表面而制成的一种特殊热电偶。薄膜热电偶的热接点可以做得很薄(可达 0.01~0.1 μm),具有热容量小、反应速度快等特点,热响应时间达到微秒级,适用于微小面积上的表面测温以及快速变化的动态温度测量。

选择热电偶时,可以充分利用它们的分度表,比较同样温度下不同热电偶的热电动势。若用分度表中的数据绘出热电动势-温度曲线(称为热电偶的热电特性),还可以看出它的线性范围。分度表可以查阅相关技术手册获得。

3. 热电偶的补偿导线和冷端温度补偿

1)热电偶的补偿导线

实际测温时,由于热电偶长度有限,自由端温度将直接受到被测物温度和周围环境温度的影响。例如,将热电偶安装在电炉壁上,而自由端放在接线盒内,由于电炉壁周围温度不稳定,影响接线盒内的自由端,会造成测量误差。如果将热电偶做得很长,将会提高测量系统的成本。工业中一般采用补偿导线来延长热电偶的冷端,利用补偿导线将热电偶的参考端引到温度恒定的环境中,使之远离高温区,保证冷端温度的恒定。为了节约贵金属,补偿导线通常由两种不同性质的廉价金属导线制成,而且在 0~100 ℃,要求补偿导线和所配热电偶具有相同的热电特性。

补偿导线测温电路如图 2.62 所示。补偿导线(A′、B′)是两种不同材料的、相对比较便宜的金属(多为铜与铜的合金)导体。它们的自由电子密度比与所配接型号的热电偶的自由电子密度比相等,所以补偿导线在一定的环境温度范围内与所配接的热电偶具有相同的热电动势-温度关系。因此,可以把接有补偿导线的测温回路看作仅由热电偶 A、B 组成的回路,只是自由端已由 t_n 处延伸到 t_0 处。用 A′、B′ 分别与 A、B 连接后,回路总的热电动势仅取决于 A、B、t 及 t_0,而与 A′、B′ 及连接处的温度 t_n 无关。

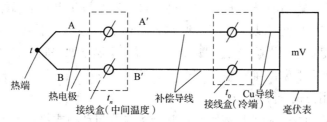

图 2.62　补偿导线测温电路

2)补偿导线的选用

补偿导线常用廉价金属制造,而且,所用的绝缘材料一般为有机绝缘材料,因此,单位长度的电阻较小,且柔软易弯。所以,采用补偿导线不仅可以节约大量贵金属,减小热电偶回路的电阻,而且便于敷设安装。

使用补偿导线时必须注意:

(1)两根补偿导线与热电偶两个热电极的接点必须具有相同的温度;

(2)各种补偿导线只能与相应型号的热电偶配用;

(3)必须在规定的温度范围内使用;

(4)极性切勿接反。

常用热电偶补偿导线的型号和分度号见表 2.3。

表 2.3　常用热电偶补偿导线的型号和分度号

补偿导线型号	配用热电偶分度号	补偿导线		补偿导线颜色	
		正极	负极	正极	负极
SC	S(铂铑$_{10}$-铂)	SPC(铜)	SNC(铜镍)	红	绿
KC	K(镍铬-镍硅)	KPC(铜)	KNC(铜镍)	红	蓝
KX	K(镍铬-镍硅)	KPX(镍铬)	KNX(镍硅)	红	黑
EX	E(镍铬-铜镍)	EPX(镍铬)	ENX(铜镍)	红	棕
JX	J(铁-铜镍)	JPX(铁)	JNX(铜镍)	红	紫
TX	T(铜-铜镍)	TPX(铜)	TNX(铜镍)	红	白

3)热电偶的冷端温度补偿

由热电偶测温原理可知,热电偶的输出电动势是热电偶两端温度t和t_0差值的函数,当冷端温度t_0不变时,热电动势与工作端温度成单值函数关系。各种热电偶温度与热电动势关系的分度表都是在冷端温度为 0 ℃时作出的,因此,用热电偶测温时,若要直接应用热电偶的分度表,就必须满足 $t_0 = 0$ ℃的条件。使用补偿导线后,可以保证冷端温度恒定,但是不一定为 0 ℃,因此将引入误差。为了消除或补偿误差就需要进行冷端温度补偿,常用的方法有以下几种。

（1）冷端恒温法（冰浴法）。冷端恒温法是将热电偶的冷端置于装有冰水混合物的恒温容器中,使冷端的温度保持在 0 ℃不变,消除了冷端温度不等于 0 ℃而引入的误差。这种方法一般只适用于实验室或研究室中。

（2）公式修正法。使用热电偶时可以将热电偶的冷端置于电热恒温器中,恒温器的温度略高于环境温度的上限;也可以将热电偶的冷端置于大油槽或空气不流动的大容器中,利用其热惯性,使冷端温度变化较为缓慢;还可以将冷端置于恒温空调房间中,使冷端温度恒定。但是这些方法只是使冷端温度维持在某一恒定（或变化较小）的温度上,冷端温度仍然不是 0 ℃,因此,必须采用公式进行修正。

（3）调整仪表零点法。调整仪表零点法是当热电偶与动圈式仪表配套使用时,若热电偶的冷端温度比较恒定,对测量精度要求又不太高,可将动圈式仪表的机械零点调整至热电偶冷端所处的温度 t_0 处,这相当于在输入热电偶的热电动势之前就给仪表输入一个热电动势 $E_{AB}(t_0,0)$。这样,仪表在使用时所指示的值约为 $E_{AB}(t,t_0) + E_{AB}(t_0,0)$。

在进行仪表机械零点调整时,首先必须将仪表的电源和输入信号切断,然后用螺钉旋具调整仪表面板上的螺钉,使指针指到t_0的刻度上。当气温变化时,应及时修正指针的位置。此方法虽有一定的误差,但非常简便,在工业上经常采用。

（4）补偿电桥法。补偿电桥法是利用不平衡电桥产生的不平衡电压来自动补偿热电偶因冷端温度变化而引起的热电动势变化,如图 2.63 所示。热电偶经补偿导线接至补偿电桥,热电偶的冷端与电桥处于同一环境温度中,桥臂电阻 R_{Cu} 由电阻温度系数很小的锰铜丝绕制而成,R_p 由温度系数较大的铜丝绕制而成。

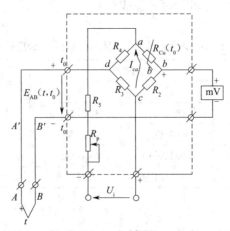

图 2.63　补偿电桥法

4. 热电偶的使用

热电偶的测温线路是根据用途不同而设计的。例如,当测量控制室距离被测温度处较远时,可以利用补偿导线延长热电偶的冷端进行测量和控制;而当在实验室或者研究室内测量控制温度时,可以采用冰浴法将热电偶的冷端置于 0 ℃的冰水混合物中再进行温度的测量和控制。用热电偶测温时,可以直接与显示仪表(如电子电位差计、数字表等)配套使用,也可与温度变送器配套使用,将测量值转换成标准电流信号。

在特殊情况下,热电偶可以串联或并联使用,但只能是同一分度号的热电偶,且参考端应在同一温度下。当热电偶正向串联时,可获得较大的热电动势和较高的灵敏度。在测量两点温差时,可采用热电偶反向串联。利用热电偶并联可以测量平均温度。

5. 热电偶的安装

（1）为使热电偶正常工作,对热电偶的结构有如下要求:

① 热电偶的工作端要焊接牢固、可靠,焊接点不得有气孔、熔渣及杂质;

② 电极除工作接点外,必须有良好的绝缘,防止电极间短路、漏电,热电偶丝不应有机械损伤;

③ 在制作热电偶时,可两极绕起来再焊,但是不能多绕几圈再焊,一般铰焊圈数不应超过2~3 圈,否则工作端上移,在测量时就会带来误差;

④ 在有害条件下工作时,保护管应保证将介质与热电偶隔离,使热电偶正常工作;

⑤ 温度导管应有一定的机械强度。

（2）引线与外接线连接要牢固。

（3）对于管道安装通常使工作端处于管道中心线 1/3 管道直径区域内。

（4）管道较细,宜采用斜插,管径小于 80 mm 的管道可以采用扩大管。

（5）测量炉膛温度时,应避免热电偶与火焰直接接触,避免安装在炉门旁或与加热物体距离过近之处。在高温设备上测温时,为防止保护套管弯曲变形,应尽量竖直安装。

（6）热电偶的接线盒引出线孔应向下,以防因密封不良而使水汽、灰尘等进入接线盒,影响测量。

（7）为减少测温滞后,可在保护外套管与保护管之间加装传热良好的填充物。

2.5.3　热电阻温度计

在工业应用中,热电偶一般用于测量 500 ℃以上的较高温度。对于 500 ℃以下的中、低温度,热电偶输出的热电动势很小,这对二次仪表的放大器、抗干扰措施等的要求就会很高,否则难以实现精确测量,而且在较低温区域,冷端温度的变化所引起的相对误差也较大。所以测量中、低温度一般使用热电阻温度计。热电阻温度计可以和显示仪表、记录仪表等配套使用,直接测量生产过程中的各种液体、蒸汽和气体介质以及固体表面温度,不用补偿导线,机械强度高,耐压性能好,性能可靠稳定。

热电阻温度计测温电路由热电阻、连接导线及显示仪表组成。热电阻也可与温度变送器连接,将测量值转换为标准电流信号输出。

1. 热电阻的结构和原理

热电阻主要由电阻体、绝缘管、保护套管和接线盒等部分组成,电阻体由电阻丝和电阻支架组成,如图2.64所示。电阻丝采用双线无感绕法绕制在具有一定形状的云母、石英、陶瓷或塑料支架上,支架起支撑和绝缘作用,引出线通常采用直径1 mm的银丝或镀银铜丝,它与接线端子相接,以便与外接线路连接而测量并显示温度。

1)热电阻的材料要求

热电阻的温度系数要大,电阻率尽可能大,热容量要小;在测量范围内,应具有稳定的物理和化学性能;电阻与温度的关系最好接近于线性;应有良好的可加工性,且价格便宜。现在工业上常用的热电阻主要有铜热电阻和铂热电阻,铂是目前最好的热电阻材料。铜热电阻线性好,价格便宜,但它易氧化,不适宜在腐蚀性介质或高温下工作。

按照结构热电阻可以分为普通型热电阻、铠装热电阻、端面热电阻和隔爆型热电阻等类型。工业中,普通型热电阻的使用最为广泛。

铠装热电阻是由感温元件(电阻体)、引线、绝缘材料、不锈钢套管组合而成的坚实体,它的外径一般为2~8 mm,与普通型热电阻相比,它有下列优点:体积小,内部无空气隙,热惯性上,测量滞后小;机械性能好,耐振,抗冲击,能弯曲,便于安装,使用寿命长。

端面热电阻的感温元件由特殊处理的电阻丝材绕制,紧贴在温度计端面上。它与一般轴向热电阻相比,能更正确和快速地反映被测端面的实际温度,适用于测量轴瓦和其他机件的端面温度。

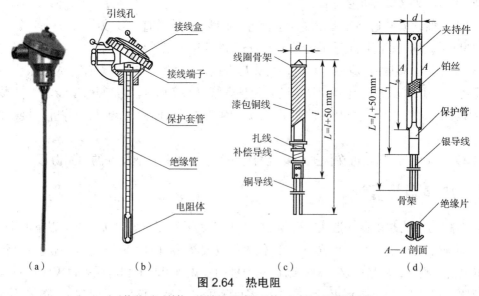

图2.64 热电阻

(a)外形 (b)结构 (c)铜电阻感温元件 (d)铂电阻感温元件

隔爆型热电阻和普通型热电阻的结构、原理基本相同,但隔爆型热电阻的接线盒(外壳)在设计上采用防爆的特殊结构,接线盒用高强度铝合金压铸而成,并具有足够的内部空间、壁厚和机械强度,橡胶密封圈的热稳定性符合国家防爆标准。所以,当接线盒内部的爆炸性混合气体发生爆炸时,其内压不会破坏接线盒。

2)热电阻的工作原理

热电阻是利用导体材料的电阻随温度变化而变化的特性来实现温度测量的。因此,只要测量出感温热电阻的阻值变化,就可以测量出温度。热电阻是中、低温区最常用的一种温度检测器,其中铂热电阻的测量精度最高。

Ⅰ. 铂热电阻(WZP)

铂热电阻的特点是精度高、稳定性好、性能可靠,所以在温度计中得到了广泛应用。按国际电工委员会(International Electrotechnical Commission, IEC)标准,铂热电阻的使用温度范围为 -200~850 ℃。

常用的铂热电阻分度号为 Pt100,其 $R_0 = 100\,\Omega$。铂热电阻不同分度号亦有相应的分度表,即 R_t-t 的关系表,这样在实际测量中,只要测得热电阻的阻值 R_t,便可从分度表上查出对应的温度值。

Ⅱ. 铜热电阻(WZC)

由于铂是贵重金属,因此,在一些对测量精度要求不高且温度较低的场合,可采用铜热电阻进行测温,它的测量范围为 -50~150 ℃。

铜热电阻在测量范围内其电阻值与温度的关系几乎是线性的,可近似地表示为

$$R_t = R_0 \left(1 + \alpha t\right)$$

式中　α——铜热电阻的电阻温度系数,取 $\alpha = 4.28 \times 10^{-3}/℃$。

铜热电阻的两种分度号为 Cu50($R_0 = 50\,\Omega$)和 Cu100($R_0 = 100\,\Omega$)。

铜热电阻线性度好,价格便宜,但易氧化,不适宜在腐蚀性介质或高温下工作。

2. 热电阻的使用

用热电阻测温时,测量电路经常采用电桥电路。而热电阻与检测仪表相隔一段距离,因此热电阻的引线对测量结果有较大的影响。工业热电阻安装在现场,而其指示或记录仪表安装在控制室,其间的引线很长,如果仅用两根导线连接热电阻的两端,连接热电阻的两根导线本身的阻值和热电阻的阻值势必串联在一起造成测量误差,所以为了避免或减少导线电阻对测温的影响,工业热电阻多采用三线制接法,如图2.65所示。图中 R_t 为热电阻,r_1、r_2、r_3 为引线电阻,R_1、R_2 为两桥臂电阻,$R_1 = R_2$,R_3 为调整电桥的精密可调电阻。电流表内阻很大,故电流近似为零。当 $U_A = U_B$ 时电桥平衡,若使 $r_1 = r_2$,则 $R_3 = R_t$,就可消除引线电阻的影响。

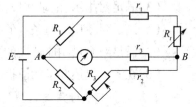

图 2.65　热电阻三线制电桥连接法测量线路

3. 热电阻的安装要求

对热电阻的安装,应注意要有利于测温准确、安全可靠及维修方便,而且不影响设备运行和生产操作,要满足以下要求。

(1)带有保护套管的热电阻有传热和散热损失,为了减少测量误差,热电阻应该有足够的插入深度。

（2）为了使热电阻的测量端与被测介质之间有充分的热交换，应选择合理的测点位置，尽量避免在阀门、弯头及管道和设备的死角附近装设热电阻。

4. 热电阻的安装方法

测温元件在管道、设备上安装时，固定方式一般有螺纹连接固定和法兰固定两种。螺纹连接固定方式一般适用于在无腐蚀性介质的管道上安装测温元件，具有体积小、安装紧凑的优点。法兰固定方式适用于在设备上安装测温元件。在测量高温、强腐蚀性、剧毒、粉状介质的温度时，应采用法兰固定方式，方便维护。

（1）首先应测量好热电阻法兰或者螺纹螺牙的尺寸，加工好配套的法兰或者螺纹底座。

（2）要根据法兰或者螺纹底座的尺寸，在需要测量的管道上开孔。

（3）焊接法兰或者螺纹座时，把法兰座或者螺纹底座插入已开好的孔内，把法兰座或者螺纹底座与被测量的管道焊接好。

（4）把热电阻用螺栓紧固安装在法兰上或者用螺纹旋进已焊接好的螺纹底座。

（5）按照接线图将热电阻的接线盒接好线，并与表盘上相对应的显示仪表连接，注意接线盒不可与被测介质管道的管壁相接触，保证接线盒内的温度不超过 100 ℃。接线盒的出线孔应防因密封不良导致的水汽、灰尘等沉积，造成接线端子短路。

（6）选择安装位置时，应考虑检修和维护方便。

2.5.4　温度计的选型

1. 温度计选型原则

温度计的选型主要包括温度计的型号、表盘直径、精度等级、安装固定方式、测温范围、长度或插入深度、测温保护管的类型等。

工业中常用的接触式温度计的选用原则：

（1）满足对测温范围的要求；

（2）满足对测温精度的要求；

（3）满足对指示、记录和报警及温度控制方面的要求；

（4）满足对使用环境条件的要求；

（5）满足对测量响应速度的要求；

（6）在满足上述要求的前提下选用价格低廉、坚固耐用、维修方便的仪表。

2. 热电偶和热电阻的选型

（1）热电偶、热电阻一般根据测温范围选用，有振动的场合，宜选用热电偶，对测温精度要求较高、无剧烈振动等的场合，宜选用热电阻。

（2）测量含氢气大于 5%（体积分数）的还原性气体或温度高于 870 ℃的气体时，应选用吹气式热电偶或钨铼热电偶。

（3）测量设备、管道外壁的温度时，选用表面热电偶或表面热电阻。

（4）一个测温点需要在两地显示或要求备用时，选用双支式测温元件。

（5）一个测温口需要多点温度时，选用多点（多支）式专用热电偶。

（6）测量流动的含固体硬度颗粒的介质时,选用耐磨热电偶。

（7）在有爆炸危险的场所,选用防爆型热电偶、热电阻。

（8）对测温元件有弯曲安装或快速响应要求时,可选用铠装热电偶、热电阻。

（9）根据温度测量范围选择。

2.5.5　温度变送器

温度变送器是将热电偶、热电阻等测温元件检测到的热电动势、电阻等信号,经过稳压滤波、运算放大、非线性校正、电压/电流转换、恒流及反向保护等变换电路,转换成与温度呈线性关系的直流 4~20 mA 或 1~5 V 标准信号输出的仪表。温度变送器可与显示仪表、控制系统、记录仪或计算机采集测量系统配套使用,可准确测量生产工作过程中各种介质或物体的温度（使用范围 -200~1 600 ℃）,被广泛应用于石油、化工、发电、医药、纺织、锅炉等工业领域,如图 2.66 所示。

温度变送器的特点是节省补偿导线及安装温度转换电路的费用;二线制输出直流 4~20 mA 电流信号;抗干扰能力强;测量范围大。

温度变送器使用的测温元件除了热电偶和热电阻,还可以是热敏电阻、集成温度计、半导体温度计等,其输出信号的形式还可以是直流 0~10 mA, 0~20 mA, 0~5 V, 0~10 V 等信号。根据温度计和转换电路的距离,温度变送器分为一体式或分体式两种。

一体式温度变送器一般由测温探头（热电偶或热电阻）和二线制固体电子单元组成。采用固体模块形式将测温探头直接安装在接线盒内,从而形成一体式温度变送器,如图 2.67 所示。一体式温度变送器一般分为热电阻型和热电偶型两种。

图 2.66　温度变送器　　　　　　图 2.67　一种 WZP 高精度一体式温度变送器

一体式温度变送器的特点包括:采用硅橡胶或环氧树脂密封结构,因此耐振、耐湿、适合在恶劣的现场环境安装使用;现场安装在热电偶、热电阻的接线盒内使用;可以直接输出直流 4~20 mA 标准信号。这样既节省了补偿导线费用,又提高了信号远距离传输过程中的抗干扰能力,且精度高、功耗低、线性好、输出信号大、使用温度范围宽、工作稳定可靠。

项目3 过程控制仪表及装置

学习目标

(1)学习控制规律。

(2)掌握调节器的使用和参数设置方案。

(3)掌握被控变量和操纵变量的选择原则。

(4)能根据执行器的工作原理和使用方法,对系统进行调试。

任务1 调节器的控制规律

扫一扫:PPT 3.1
调节器的控制
规律

扫一扫:视频 3.1
过程控制仪表
与装置

3.1.1 位式控制

1. 双位控制

在一些工艺简单的生产过程中,常采用双位控制。双位控制是位式控制最简单的形式,是指当测量值大于设定值时,控制器的输出为最大(或最小);而当测量值小于设定值时,控制器的输出为最小(或最大)。其偏差 e 与输出 u 间的关系如下。

当 $e>0$ 或 $e<0$ 时,

$$u = u_{\text{max}}$$

当 $e<0$ 或 $e>0$ 时,

$$u = u_{\text{min}}$$

双位控制只有两种输出值状态,相应的执行机构也只有两个极限位置——"开"或"关",而且从一个位置到另一个位置的动作是极其迅速的,没有中间过程,这种特性又称继电特性,如图3.1所示。图3.2是一个典型的双位控制系统。它利用电极式液位计控制电磁阀的开启与关闭,从而使贮槽液位维持在设定值附近一个很小的范围内。

槽内有一个电极,作为测量液位的装置。电极的一端与继电器的线圈J连接,另一端调整在液位设定值的位置。流体由装有电磁阀的管路进入贮槽,经出料管流出。流体是导电的,贮槽外壳接地。当液位低于设定值 H_0 时,流体与电极未接触,故继电器断路,此时电磁阀全开,流体通过电磁阀流入贮槽,使液位上升。待液位上升至稍大于设定值时,流体与电极接触,于是继电器接通,从而使电磁阀全关,流体不再进入贮槽。但此时贮槽内流体仍继续通过出料管往外排出,故液位要下降,待液位下降至稍小于设定值时,流体又与电极脱离接触,于是电磁阀又断路,如此反复循环,使液位维持在设定值附近一个很小的范围内。

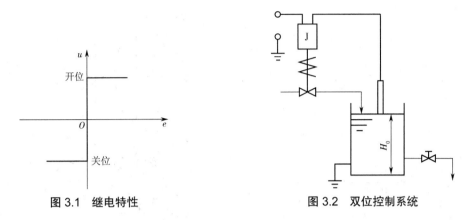

图 3.1 继电特性　　　　　图 3.2 双位控制系统

在这个典型的双位控制系统中,电磁阀只有全开、全关两个极限位置,它的动作非常频繁,致使系统中的运动部件(继电器、电磁阀)等经常摩擦,很容易损坏,这样就很难保证双位控制系统的安全可靠运行。而且对于这个具体液位对象来说,生产工艺也并不要求液面 H 一定维持在设定值 H_0 上,而往往只要求液面 H 保持在某一个较小的范围内就可以,即确定一个上限值 H_H 和下限值 H_L,只要能控制液面 H 在 H_H 与 H_L 之间波动,就能满足生产工艺的要求。

2. 具有中间区的双位控制

实际生产中,被控变量与设定值之间总是有一定偏差的,因此,实际应用的双位调节器都有一个中间区(有时就是仪表的不灵敏区)。带中间区的双位控制规律是:当被控变量上升时,必须在测量值高于设定值某一数值后,阀门才"关"(或"开");而当被控变量下降时,必须在测量值低于设定值某一数值后,阀门才"开"(或"关")。在中间区,阀门是不动作的。这样,就可以大大降低执行器开关的频繁程度。实际的带中间区的双位控制规律如图 3.3 所示。

只要将图 3.2 所示的双位控制装置中的测量装置及继电器线路稍加改变,就可以构成一个具有中间区的双位控制系统,控制过程如图 3.4 所示。图中上面的曲线是调节机构(或阀门)的输出变化(如通过电磁阀的流体流量 Q)与时间 t 的关系;下面的曲线是被控变量(液位)在中间区内随时间变化的曲线。当液位低于下限值时,电磁阀是开的,流体流入贮槽。由于流体流入量大于流体流出量,故液位上升。当上升到上限值时,电磁阀关闭,流体停止流入。由于此时槽内流体仍在流出,故液位下降,直到液位下降至下限值时,电磁阀才重新开启,液位又开始上升。因此,带中间区的双位控制过程是被控变量在它的上限值与下限值之间的等幅振荡过程。

双位控制装置结构简单、成本较低、易于实现,因此应用很普遍。

衡量一个双位控制系统的质量,一般均用振幅与周期作为质量指标。在上述例子中,振幅为 H_H-H_L,周期为 T。

如果生产工艺允许被控变量在一个较宽范围内波动,调节器的中间区就可以适当放大一些,这样振荡周期就较长,可使系统中的控制元件——调节阀的动作次数减少,可动部件磨损小,维修工作量降低,有利于生产。对同一个控制系统来说,过渡过程的振幅与周期间是有矛盾的:若要求振幅小,则周期必然短;若要求周期长,则振幅必然大。合理地选择中间区可以使两者得到兼顾。使用过程中尽量使振幅在允许的范围内大一些,使周期延长。

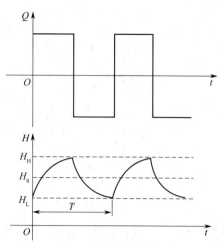

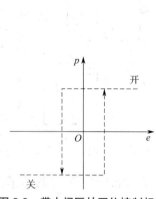

图 3.3　带中间区的双位控制规律　　　　图 3.4　带中间区的双位控制过程

在工业生产中,当对控制质量要求不高且允许进行位式控制时,可采用双位控制装置构成双位控制系统,如空气压缩机贮罐的压力控制,恒温箱、电烘箱、管式加热炉的温度控制等都广泛采用双位控制系统。

3.1.2　比例控制规律

1. 比例控制规律

比例控制规律一般用字母 P 表示,可用下式表示:

$$\Delta p = K_c e$$

式中　Δp ——调节器的输出变化量;

　　　e ——调节器的输入,即偏差;

　　　K_c ——调节器的比例增益或比例放大系数。

由上式可以看出,比例控制时调节器的输出变化量与输入(偏差)成正比,在时间上是没有延滞的。或者说,调节器的输出是与输入一一对应的,如图 3.5 所示。

当输入为一阶跃信号时,比例控制的输入-输出特性如图 3.6 所示。

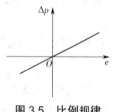

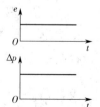

图 3.5　比例规律　　　　　　　　　图 3.6　比例控制的阶跃响应

比例放大系数 K_c 是可调的,所以比例控制实际上是一个放大系数可调的放大器。K_c 越大,在同样的输入(偏差)下,调节器的输出就越大,因此比例控制作用越强;反之, K_c 值越小,比例控制作用越弱。

2. 比例度

比例放大系数 K_c 的大小可以反映比例作用的强弱,是一个重要的参数,但工业生产中所用的调节器习惯上采用比例度(或称比例带)δ 来衡量比例控制作用的强弱。

比例度是指调节器输入的相对变化量与相应的输出相对变化量之比的百分数,可用下式表示:

$$\delta = \frac{\dfrac{e}{x_{\max} - x_{\min}}}{\dfrac{\Delta p}{p_{\max} - p_{\min}}} \times 100\%$$

式中　e——调节器的输入变化量(即偏差);

　　　Δp——偏差为 e 时调节器的输出变化量;

　　　$x_{\max} - x_{\min}$——调节器输入的变化范围,即测量仪表的量程;

　　　$p_{\max} - p_{\min}$——调节器输出的变化范围。

调节器的比例度 δ 与输入-输出的关系如图 3.7 所示。从图中可以看出,比例度越小,使输出全范围变化时所需的输入变化区间就越小;反之亦然。

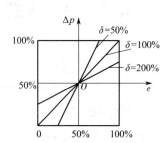

图 3.7　比例度与输入-输出的关系

比例度 δ 与放大倍数 K_c 存在如下关系:

$$\delta = \frac{e}{\Delta p} \left(\frac{p_{\max} - p_{\min}}{x_{\max} - x_{\min}} \right) \times 100\%$$

因为

$$\Delta p = K_c e$$

所以

$$\delta = \frac{1}{K_c} \left(\frac{p_{\max} - p_{\min}}{x_{\max} - x_{\min}} \right) \times 100\%$$

对于比例调节器,仪表的量程和调节器的输出范围都是固定的,令

$$K = \frac{p_{\max} - p_{\min}}{x_{\max} - x_{\min}}$$

所以,对一个比例调节器来说,K 是一个常数。

得

$$\delta = \frac{K}{K_c} \times 100\%$$

由于 K 为常数,因此调节器的比例度 δ 与比例放大系数 K_c 成反比关系。比例度 δ 越小,放大系数 K_c 越大,比例控制作用越强;反之,比例度 δ 越大,比例控制作用越弱。

在单元组合仪表中,调节器的输入信号是由变送器送来的,而调节器和变送器的输出信号都是统一的标准信号,因此常数 $K=1$。所以在单元组合仪表中,δ 与 K_c 互为倒数关系,即

$$\delta = \frac{1}{K_c} \times 100\%$$

3. 比例控制系统的特点及应用场合

在比例控制系统中,调节器的比例控制规律比较简单,控制比较及时,一旦有偏差出现,马上就有相应的控制作用。因此,比例控制规律是一种最基本、最常用的控制规律。但是,由于比例控制作用 Δp 是与偏差 e 成一一对应关系的,因此在负荷改变以后,比例控制系统的控制结果存在余差。

比例控制系统适用于干扰较小且不频繁、对象滞后较小而时间常数较大、控制准确度不高的场合。

3.1.3　积分控制规律

1. 积分控制规律

当调节器的输出变化量 Δp 与输入偏差 e 随时间的积分成比例时,亦即输出变化的速度与输入偏差值成正比,就是积分控制规律,一般用字母 I 表示。

积分控制规律的数学表达式为

$$\Delta p = K_{\mathrm{I}} \int e \mathrm{d} t$$

式中　　K_{I}——积分比例系数。

积分控制作用的特性可以用阶跃输入下的输出来说明。当调节器的输入偏差是一幅值为 A 的阶跃信号时,上式可写为

$$\Delta p = K_{\mathrm{I}} \int A \mathrm{d} t = K_{\mathrm{I}} A t$$

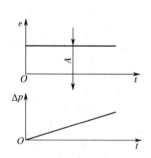

图 3.8　积分控制规律

由图 3.8 可看出:

(1)当积分调节器的输入偏差是一常数 A 时,输出是一直线,其斜率为 $K_{\mathrm{I}} A$,K_{I} 的大小与积分速度有关;

(2)只要偏差存在,积分调节器的输出就随着时间不断增大(或减小);

(3)积分调节器输出的变化速度与偏差成正比。

这就说明了积分控制规律的特点:只要偏差存在,调节器的输出就会变化,调节机构随之动作,系统就不可能稳定。只有当偏差被消除(即 $e = 0$)时,输出信号才不再继续变化,调节机构停止动作,系统稳定下来。可见具有积分作用的控制系统是一个无差系统。

2. 比例积分控制规律

比例积分控制规律(PI)是比例与积分两种控制规律的结合,其数学表达式为

$$\Delta p = K_{\mathrm{c}} (e + K_{\mathrm{I}} \int e \mathrm{d} t)$$

当输入偏差是一幅值为 A 的阶跃变化量时,比例积分调节器的输出是比例和积分两部分之和,其特性如图 3.9 所示。由图可以看出,Δp 一开始是阶跃变化,其值为 $K_{\mathrm{c}} A$(比例作用),然后随时间逐

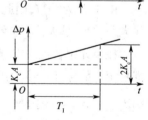

图 3.9　比例积分控制规律

渐增大,这是积分作用的结果。从这里还可以看出比例作用是即时的、快速的,而积分作用是缓慢的、渐变的。

由于比例积分控制规律是在比例控制的基础上加上积分控制产生的,所以既具有比例控制及时、快速的特点,又具有积分控制能消除余差的性能,因此是生产中常用的控制规律。

在比例积分调节器中,经常用积分时间 T_I 来表示积分速度 K_I,表达式为

$$T_I = \frac{1}{K_I}$$

可得

$$\Delta p = K_c \left(e + \frac{1}{T_I} \int e dt \right)$$

当输入偏差为一幅度 A 的阶跃信号时,输出可写为

$$\Delta p = \Delta p_P + \Delta p_I = K_c A + \frac{K_c}{T_I} A t$$

上式中,第一部分 $\Delta p_P = K_c A$ 表示比例部分的输出,第二部分 $\Delta p_I = \frac{K_c}{T_I} A t$ 表示积分部分的输出。在时间 $t = T_I$ 时,有

$$\Delta p = \Delta p_P + \Delta p_I = K_c A + K_c A = 2K_c A = 2\Delta p_P$$

当总的输出等于比例作用输出的两倍时,其时间就是积分时间。应用这个关系,可以用控制器的阶跃响应作为测定放大倍数(或比例度)和积分时间的依据。测定时,可将输入做一幅度为 A 的阶跃改变,立即记下输出跃升增大(即瞬间变化)的数值,同时马上开动秒表计时,等输出达到跃升增大部分的两倍时,停止计时。这样,秒表上所记下的时间就是积分时间 T_I。跃升增大的数值为 $K_c A$,除以输入幅值 A 便得到放大倍数 K_c,其关系如图 3.9 所示。

积分时间 T_I 越小,表示积分速度的 K_I 越大,积分特性曲线的斜率越大,即积分作用越强。反之,积分时间 T_I 越大,表示积分作用越弱。若积分时间为无穷大,则表示没有积分作用,该调节器就成为纯比例调节器了。

3.1.4　微分控制规律

前面介绍的比例积分控制规律,由于同时具有比例和积分控制规律的优点,针对不同的对象,比例度和积分时间两个参数均可以调整,因此适用范围较宽,工业上多数系统都可采用。但是当对象滞后特别大时,控制时间较长、最大偏差较大,或当对象负荷变化特别剧烈时,由于积分作用的迟缓性质,使控制作用不够及时,系统的稳定性较差。在上述情况下,可以再增加微分作用,以提高系统的控制质量。

1. 微分控制规律

在生产实际中,如果需要对一些被控变量进行手动控制,一般控制量的大小是根据已经出现的被控变量与设定值的偏差改变的。偏差大时,调节阀的开度就多改变一些,偏差小时,调节阀的开度就少改变一些,这就是前面介绍的比例控制规律。对于某些滞后很大的对象,如聚

合釜的温度控制,在氯乙烯聚合阶段,由于是放热反应,一般通过改变进入夹套的冷却水量将釜温维持为某一设定值。有经验的工人不仅会根据温度偏差来改变冷水阀开度的大小,而且同时还会在控制时考虑偏差的变化速度。例如,当他看到釜温上升很快时,虽然这时偏差可能还很小,但估计很快就会有很大的偏差,为了抑制温度的迅速升高,就预先过分地开大冷水阀,这种按被控变量变化的速度来确定控制作用的大小,就是微分控制规律,一般用字母 D 表示。

具有微分控制规律的调节器,其输出 Δp 与输入偏差 e 的关系可表示为

$$\Delta p = T_{\mathrm{D}} \frac{\mathrm{d}e}{\mathrm{d}t}$$

式中　　T_{D}——微分时间;

$\dfrac{\mathrm{d}e}{\mathrm{d}t}$——偏差对时间的导数,即偏差信号的变化速度。

由上式可以看出,微分变化速度越大,则微分调节器的输出变化越大,微分控制作用的输出大小与偏差变化的速度成正比。对于一个固定不变的偏差,不管这个偏差有多大,微分作用的输出总是零,这是微分控制规律的特点。

当微分调节器的输入是一个阶跃信号(图3.10(a))时,微分调节器的输出如图3.10(b)和(c)所示,在输入变化的瞬间,输出趋于∞,在此之后,由于输入不再变化,输出立即降到零(图3.10(b))。这种控制作用称为理想微分控制作用。由于微分调节器的输出与输入信号的变化速度有关,变化速度越快,微分调节器的输出就越大,如果输入信号恒定不变,则微分调节器就没有输出,因此微分调节器不能用来消除静态偏差。而且,当偏差的变化速度很慢时,输入信号即使经过时间的变化达到很高的值,微分调节器的作用也不明显。所以这种理想微分控制作用一般不能单独使用,也很难实现。

图3.10(c)所示是一种近似的微分控制作用。在阶跃输入发生时刻,输出 Δp 突然上升到一个较大的有限数值(一般为输入的5倍或更大),然后呈指数规律衰减直至零。

2. 微分控制的特点及其应用场合

由于微分控制作用是根据输入偏差的变化速度来控制的,在扰动作用的瞬间,尽管开始偏差很小,但如果它的变化速度较快,则微分控制器就有较大的输出,它的作用较比例控制作用还要及时、还要大。对于一些滞后较大、负荷变化较快的对象,在较大的干扰施加以后,由于对象的惯性,偏差在开始一段时间内都是比较小的,如果仅采用比例控制作用,则偏差小,控制作用也小,这样一来,控制作用就不能及时加大以克服已经加入的干扰作用的影响。但是,如果加入微分控制作用,它就可以在尽管偏差不大,但偏差开始剧烈变化的时刻,立即产生一个较大的控制作用,及时抑制偏差的继续增长,所以微分控制作用具有"超前"性质。因此有人称微分控制为"超前控制"。

一般说来,微分控制的"超前控制"作用能够改善系统的控制质量。对于一些容量滞后较大的对象(如温度对象)特别适用。值得注意的是,微分控制作用对于真正的纯滞后无能为力,遇到对象有较大纯滞后时,要考虑别的方案。另外微分对于高频的脉动信号敏感,当测量值本身掺有较大的噪声信号时,不宜加微分控制。

3. 比例微分控制规律

由于微分控制规律对恒定不变的偏差没有克服能力,因此一般不能作为一个单独的调节器使用。因为比例控制作用是控制作用中最基本、最主要的,所以常将微分控制作用与比例控制作用结合起来构成比例微分控制规律(PD)。

理想的比例微分控制规律可以用下式表示:

$$\Delta p = \Delta p_P + \Delta p_D = K_c\left(e + T_D\frac{de}{dt}\right)$$

当输入偏差是一幅值为 A 的阶跃变化时,比例微分控制器的(理想)输出是比例与微分两部分输出之和,其特性如图 3-11 所示。由图可以看出,e 变化的瞬间,输出 Δp 为一幅值为 ∞ 的脉冲信号,这是微分作用的结果;之后,输出脉冲信号瞬间降至 K_cA 值并将保持不变,这是比例作用的结果。因此,理论上 PD 调节器控制作用迅速、无滞后,并有很强地抑制动态偏差过大的能力。

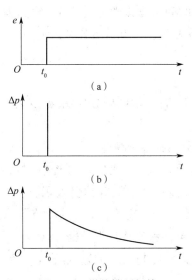

图 3.10　微分控制规律

(a)信号　(b)理想微分控制作用　(c)近似的微分控制作用

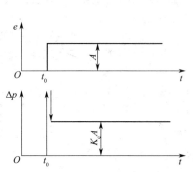

图 3.11　理想比例微分控制规律

4. 实际比例微分控制规律及微分时间

当输入是一个幅值为 A 的阶跃信号时,实际微分控制规律的输出 Δp 将等于比例输出 Δp_P 与近似微分输出 Δp_D 之和,可用下式表示:

$$\Delta p(t) = \Delta p_P + \Delta p_D = K_cA[1 + (K_D - 1)e^{-\frac{K_D}{T_D}t}]$$

式中　K_D——微分放大倍数;

　　　T_D——微分时间;

　　　$e^{-\frac{K_D}{T_D}t}$——指数衰减函数。

图 3.12 是实际比例微分调节器在阶跃输入下的

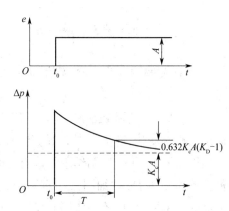

图 3.12　实际比例微分输出特性曲线

输出特性曲线。

当 $t = 0$ 时,

$$\Delta p(0) = K_D K_c A$$

当 $t \to \infty$ 时,

$$\Delta p(\infty) = K_c A$$

所以,微分调节器在阶跃信号的作用下,输出 Δp 一开始就立即升高到输入幅值 A 的 $K_D K_c$ 倍,然后再逐渐下降,到最后就只有比例作用 $K_c A$ 了。

当 $t = \dfrac{T_D}{K_D} = T$ 时,

$$\Delta p = K_c A + 0.368 K_c A (K_D - 1)$$

由上式可以看出,在 K_c、K_D 已经确定的情况下,可以根据实验来确定微分时间 T_D 的数值。在比例度恒等于 100% 的情况下,给微分调节器输入一个阶跃偏差信号 A,微分器的输出从最高点开始下降,当下降了 $A(K_D - 1)$ 的 63.2% 所经历的时间 T 乘以微分增益 K_D,定义为微分时间。换句话讲,微分作用曲线的时间常数 T 与微分增益 K_D 之积,就是微分时间 T_D,即

$$T_D = K_D T$$

其中,微分增益 K_D 是常数。

T_D 表征微分作用的强弱。T_D 大,微分输出部分衰减得慢,说明微分作用强;反之,T_D 小,表示微分作用弱。

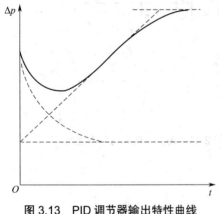

图 3.13 PID 调节器输出特性曲线

5. 比例积分微分控制规律

由图 3.13 可以看出,比例微分控制过程存在余差。为了消除余差,生产中常常引入积分控制规律。具有比例积分微分控制规律(PID)的调节器称为比例积分微分调节器,简称三作用调节器。

比例积分微分控制规律的输入-输出关系可用下式表示:

$$\Delta p = \Delta p_P + \Delta p_I + \Delta p_D = K_c \left(e + \frac{1}{T_I} \int e \, dt + T_D \frac{de}{dt} \right)$$

由上式可见,PID 控制作用的输出分别是比例、积分和微分三种控制作用输出的叠加。

当输入偏差 e 为一个幅值为 A 的阶跃信号时,实际 PID 调节器的输出特性如图 3.13 所示。

图中显示,实际 PID 调节器在阶跃输入下,开始时,微分控制作用的输出变化最大,使总的输出大幅度变化,产生强烈的"超前"控制作用,这种控制作用可看成为"预调";然后微分控制作用逐渐消失,积分控制作用的输出逐渐占主导地位,只要余差存在,积分输出就不断增加,这种控制作用可看作"细调",一直到余差完全消失,积分控制作用才有可能停止。而在 PID 调节器的输出中,比例控制作用的输出是自始至终与偏差相对应的,它一直是一种最基本的控制

作用。在实际 PID 控制器中,微分环节和积分环节都具有饱和特性。

由于 PID 控制规律综合了比例、积分、微分三种控制规律的优点,具有较好的控制性能。一般来说,在对象滞后较大、负荷变化较快、不允许有余差的情况下,可以采用 PID 调节器。在实际生产的温度和成分控制系统中,PID 调节器得到了更为广泛的应用。

需要说明的是,对于一台实际的 PID 控制器,δ、T_{I}、T_{D} 的参数均可以调整。如果把微分时间调到零,PID 控制器就成为一台比例积分控制器;如果把积分时间放大到最大,它就成为一台比例微分控制器;如果把微分时间调到零,同时把积分时间放到最大,它就成为一台纯比例控制器。在实际应用中,适当合理选取这三个参数的数值,可以获得较好的控制质量。

任务 2　调节器的参数设置

3.2.1　比例度对过渡过程品质的影响

1. 比例度对余差的影响

比例度对余差的影响是比例度 δ 越大,K_{c} 越小。由于 $\Delta p = K_{\mathrm{c}} e$,要获得同样大小的控制作用,所需的输入偏差就越大;因此,在同样的负荷变化下,控制过程终了时的余差就越大;反之,减小比例度,余差也随之减小。

余差的大小反映了系统的稳态精度。为了获得较高的稳态精度,应适当减小比例度。

扫一扫:PPT 3.2
调节器控制规律的选择原则及参数整定

2. 比例度对系统稳定性的影响

对比例控制系统来说,对象特性和调节器的比例度不同,往往会得到不同的过渡过程形式。一般说来,对象特性受工艺设备的限制,不可能任意改变,因此要通过改变比例度来获得我们希望的过渡过程形式。比例度对系统

扫一扫:视频 3.2
调节器控制规律的选择原则及参数整定

稳定性的影响可以从图 3.14 中看出,比例度很大时,调节器的放大倍数小,控制作用很弱;在干扰加入后,调节器的输出变化小,因此过渡过程变化缓慢,过渡过程曲线很平稳(图 3.14 中的曲线 1)。减小比例度,调节器放大倍数增加,控制作用增强,即在同样的偏差下,调节阀开度改变就大,过渡过程曲线出现振荡(图 3.14 中的曲线 2 和 3)。当比例度很小时,由于控制作用过强,过渡过程曲线可能出现等幅振荡(图 3.14 中的曲线 5),这时的比例度称为临界比例度 δ_{k}。当比例度继续减小至 δ_{k} 以下时,系统可能出现发散振荡(图 3.14 中的曲线 6),这时系统就不能进行正常的控制了。因此,减小比例度会降低系统的稳定性,反之,增大比例度会增强系统的稳定性。

3.2.2　积分时间对过渡过程的影响

在比例积分调节器中,比例度 δ 和积分时间 T_I 都是可调的。在同样的比例度下,积分时间对过渡过程的影响如图 3.15 所示,积分时间过长或过短均不合适。积分时间过长,积分作用太弱,余差消除得很慢(图 3.15 中的曲线 3);当 $T_I \rightarrow \infty$ 时,成为纯比例调节器,余差得不到消除(图 3.15 中的曲线 4);积分时间太短,过渡过程振荡太剧烈(图 3.15 中的曲线 1);只有当 T_I 适当时,过渡过程才能较快地结束,余差快速衰减直至接近于 0(图 3.15 中的曲线 2)。

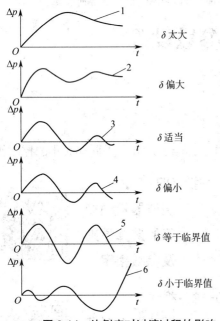

图 3.14　比例度对过渡过程的影响

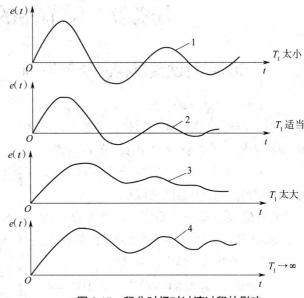

图 3.15　积分时间对过渡过程的影响

积分时间对过渡过程的影响具有两重性。当缩短积分时间、加强积分控制作用时,一方面克服余差的能力会增加,但另一方面会使过渡过程振荡加剧、稳定性降低;积分时间越短,振荡倾向越强烈,甚至会出现不稳定的发散振荡。

因为积分作用会加剧振荡,这种振荡对于滞后大的对象更为明显。所以,调节器的积分时间应按对象的特性来选择。对于管道压力、流量等滞后不大的对象, T_I 可选得小些;对于温度对象,一般其滞后较大, T_I 可选得大些。

3.2.3　微分时间对过渡过程的影响

在比例微分调节器中,比例度和微分时间都是可

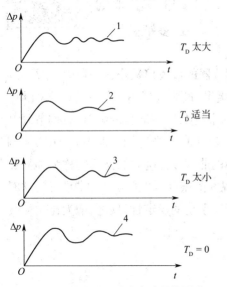

图 3.16　微分时间对过渡过程的影响

调的。改变比例度 δ (或 K_c)和微分时间 T_D 可以改变比例控制作用和微分控制作用的强弱。

在一定的比例度下,微分时间的改变对过渡过程的影响如图 3.16 所示。由于微分控制作用的输出是与被控变量的变化速度成正比的,而且总是力图阻止被控变量的任何变化(这是负反馈作用的结果)。当被控变量增大时,微分控制作用就改变调节阀开度去阻止它增大;反之,当被控变量减小时,微分控制作用就改变调节阀开度去阻止它减小。由此可见,微分控制作用具有抑制振荡的效果。所以,在控制系统中,适当增加微分控制作用,可以提高系统的稳定性,减小被控变量的波动幅度,并降低余差(图 3.16 中的曲线 2)。但是,微分作用也不能加得过大,否则由于控制作用过强,调节器的输出会剧烈变化,不仅不能提高系统的稳定性,反而会引起被控变量大幅度振荡。对于噪声比较严重的系统,采用微分作用时要特别慎重。工业上常将调节器的微分时间设置在数秒至几分钟的范围内可调。

> “物固莫不有长,莫不有短,人亦然。故善学者,假人之长以补其短。”
>
> ——《吕氏春秋·用众》
>
> 取长补短共存共融,如果简单采用其中某种控制方式,系统的动、静态特性将达不到所期望的特性值。因此,有必要采用一个组合的方式,使多种控制方式相互配合,发挥各自优势,完成最优调节。正如我们每个人都有长处,也有自己的不足,在为人、处事、学习、生活上,学会和别人配合,优势互补,形成一个整体和团队,才能够获得更大的成就。

任务 3   执行器

3.3.1   执行器的概述

1. 执行器在自动控制系统中的作用

执行器在自动控制系统中的作用是接收调节单元的指令信号,由执行机构将其转换成相应的角位移或直线位移,送去操纵调节机构,使调节阀的开度产生相应的变化,从而达到调节流量的目的,以实现过程的自动控制。因此,执行器是自动控制系统中一个重要的且必不可少的组成部分,如图 3.17 所示。

执行器直接与介质接触,常常在高压、高温、深冷、强腐蚀、高黏度、易结晶、闪蒸、气蚀、高差压等状况下工作,使用条件恶劣,因此,它是自动控制系统中的薄弱环节。如果执行器

扫一扫:PPT 3.3
执行器

扫一扫:视频 3.3
执行器 1

扫一扫:视频 3.4
执行器 2

选择或运用不当,往往会给生产过程自动化带来困难,在许多场合下,会导致自动控制系统的控制质量下降、控制失灵,甚至因介质的易燃、易爆、有毒,而造成严重的生产事故。为此,对执

行器的正确选用及安装、维修等各个环节,必须给予足够的重视。

应用于化工行业　　　应用于化工行业　　　应用于石化行业

应用于化工行业　　　应用于石油储罐　　　应用于化工行业

气动调节阀应用水处理现场　　应用于水厂处理现场　　应用于石油加氢装置

图 3.17　执行器在自动控制系统中的应用

2. 执行器的分类及特点

按使用的能源形式不同,执行器可以分为气动、电动和液动三大类。目前,在国内外选用的执行器中,液动的很少,因此本任务仅介绍气动执行器和电动执行器。

气动执行器是以气动执行机构操作的执行器(又称气动调节阀)。其优点是结构简单、动作可靠稳定、故障率低、价格便宜、维修方便、本质防爆、容易做成大功率等;缺点是滞后大,不适于远传。为了克服此缺点,可采用电/气转换器或电/气阀门定位器,使传送的信号为电信号,现场操作为气动。

电动执行器是依靠交流或直流电源作为动力的电动执行机构操作的执行器(又称电动调节阀)。与气动执行器相比,其优点是输出力矩大、定位精度高、反应速度快、滞后时间短、能源消耗低、安装方便、供电简单、在电源突然断电时能自动保持调节阀原来的位置、适用于远距离的信号传送、便于和计算机配合使用等;其局限性表现在价格昂贵(设备投资大)、结构复杂(维修工作量大),并且不能应用于易燃易爆的装置中,如石化、化工等防火防爆场合。

3. 执行器的构成

执行器由执行机构和调节机构(又称调节阀)两部分组成,如图3.18所示。各类执行器的调节机构的种类和构造大致相同,主要是执行机构不同。

执行机构是执行器的推动装置,根据控制信号,产生相应的推力,推动调节机构动作。调节机构是执行器的调节部分,其内腔直接与被控介质接触,在执行机构推力的作用下,调节机构产生一定的位移和转角,调节流体的流量。

在某些场合,为了保证执行器能够正常工作,提高调节质量和可靠性,执行器还必须配备一定的辅助装置。常用的辅助装置有阀门定位器和手轮机构。阀门定位器利用反馈原理改善执行器的性能,使执行器能按调节器的控制信号,实现准确定位。手轮机构用于直接操作调节阀,以便在停电、停气、调节器无输出或执行机构损坏而失灵的情况下,保证生产仍能正常进行。

3.3.2　执行机构

1. 气动执行机构

气动执行机构(图 3.18)接收阀门定位器输出的气压信号(20~100 kPa),并将其转换为相应的推杆直线位移,以推动调节机构动作,可分为单作用和双作用两种类型。双作用气动执行机构的开关动作均通过气源来驱动执行,单作用气动执行的开关动作只有开动作是由气源驱动的,而关动作靠弹簧复位。

扫一扫:视频 3.5
**气动薄膜
调节阀**

气动执行机构还分为薄膜式、活塞式和齿轮齿条式三种。薄膜式气动执行机构(图 3.19)的行程较短,只能直接带动阀杆。活塞式气动执行机构的行程长,适用于要求有较大推力的场合。齿轮齿条式气动执行机构的结构简单,输出推力大,动作平稳可靠,并且是有安全防爆等优点,在发电、化工,炼油等对安全有较高要求的生产过程中有广泛的应用。

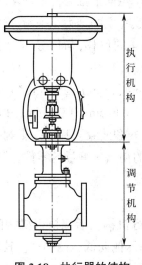

图 3.18　执行器的结构

图 3.19　薄膜式气动执行机构

气动执行机构有正作用和反作用两种形式。当信号压力增加时推杆向下动作的叫正作用式气动执行机构;信号压力增加时推杆向上动作的叫反作用式气动执行机构,如图 3.20 所示。

1)气动薄膜执行机构

正作用式气动薄膜执行机构如图 3.21 所示,反作用式气动薄膜执行机构的结构与其大致相同,区别在于信号压力是通入波纹膜片下方的波纹膜气室,由于输出推杆也从下方引出,因此需要增加密封零件。

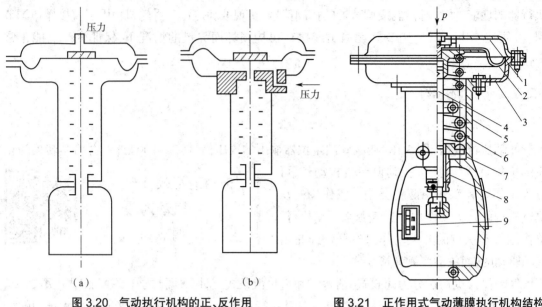

图 3.20　气动执行机构的正、反作用　　　　图 3.21　正作用式气动薄膜执行机构结构
（a）正作用　（b）反作用　　　　　　　　1—上盖；2—波纹膜片；3—下盖；4—推杆；5—支架；
　　　　　　　　　　　　　　　　　　　　6—压缩弹簧；7—弹簧座；8—调节件；9—行程标尺

当信号压力 p 通入薄膜气室作用于波纹膜片 2 上时，产生向下推力使推杆 4 向下移动，使压缩弹簧 6 压缩，直到弹簧反作用力与信号压力 p 在波纹膜片上的推力相平衡，推杆 4 稳定在一个新位置为止。此时，执行机构的输出行程就是推杆 4 的位移，与信号压力成一定比例关系。

工业生产使用的气动薄膜执行机构的行程规格有 10 mm、16 mm、25 mm、40 mm、60 mm、10 mm 等，薄膜有效面积规格有 200 cm²、280 cm²、400 cm²、630 cm²、1 000 cm²、1 600 cm² 等。有效面积越大，执行机构的位移和推力也越大。压缩弹簧 6 和波纹膜片 2 是影响执行机构的关键零件。图 3.21 中的调节件 8 是用来调整压缩弹簧 6 的初始压缩量的零件，其可改变执行机构形程的零位。

2）气动活塞执行机构

气动活塞执行机构如图 3.22 所示，属于强力气动执行机构。活塞执行机构的工作原理是：活塞根据输入活塞两侧的操作压力差而动作，活塞由高压侧向低压侧移动。其输出方式有两位式和比例式。两位式是指推杆由一个极端位置移动到另一个极端位置，从而使调节阀由全开到全关，活塞行程一般为 25~100 mm，适用于双位调节的控制系统中。比例式是指推杆的行程与输入压力信号成比例关系。

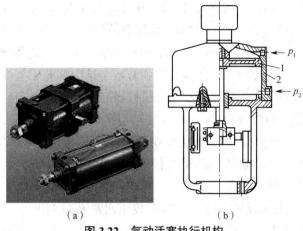

图 3.22 气动活塞执行机构

1—活塞;2—气缸
(a)外形 (b)结构

由于气缸允许的操作压力高达 0.5 MPa,且无弹簧抵消推力,因此具有很大的输出推力,特别适用于高静压、高差压、大口径的场合。

2. 电动执行机构

电动执行机构将来自调节器的电信号转换成位移输出信号,去操纵阀门、挡板等调节机构,实现自动调节。依据电动执行机构的位移信号完成调节任务的装置称为调节机构(也称调节阀)。

实验装置所配的电动调节阀典型外形,如图 3.23 所示。它由可拆分的执行机构和调节机构两部分组成。它的上部是执行机构,接收调节机构输出的直流 0~10 mA 或 4~20 mA 信号,并将其转换成相应的直线位移,推动下部的调节机构动作,直接调节流体的流量。

按照输入位移的不同,电动执行机构可分为角行程型(DKJ型)和直行程型(DKZ 型)两种。两者电气原理和电路完全相同,只是输出机械传动部分有所区别。角行程的电动执行机构在空气调节系统中应用较多,而在电动执行器中,通常使用的是直行程的电动执行机构。按照特性的不同,电动执行机构可分为比例式和积分式两种。电动执行器的输出(转角或直线位移)必须与输入(电流信号)成正比,而且要求有足够的转矩或力、动作灵活可靠。

下面以 DKZ 型直行程电动执行器为例,介绍电动执行机构的组成和工作原理。

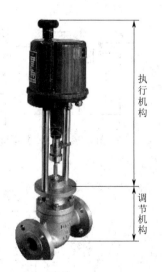

图 3.23 电动调节阀

DKZ 型直行程电动执行器是一种以两相低速同步伺服电机为执行机构的交流位置伺服系统,由伺服放大器和执行机构两部分组成。

DKZ 型直行程电动执行器的工作原理如图 3.24 所示。当控制器输入端输入 4 mA 的电流控制信号时,控制器没有输出,伺服电机停转,执行机构使调节阀的输出轴稳定在预选好的零位;当输入端输入某个数值的控制信号时,此控制信号与来自执行机构的位置反馈信号进行综合比较;由于这两个信号的极性相反,两者不相等,就会有偏差磁势出现;控制器就有相应的输出,驱动伺服电机,并通过减速器使调节阀朝着减小这个偏差磁势的方向运转,直到位置反馈信号和输入信号数值上相等为止;此时输出轴就稳定在与输入信号相对应的位置上。与DFD 型电动执行器配用,可在控制室进行自动/手动切换。

图 3.25 所示是一种一体化的直行程电动执行机构。伺服电机为连接两个隔离部分的中间部件。伺服电机按控制要求输出转矩,通过传动机构变换转矩为推力。

伺服放大器的工作原理如图 3.26 所示。伺服放大器接收直流 4~20 mA 信号,由前置放大器 FC-01、触发器 FC-02、交流晶闸管开关 FC-03、校正回路 FC-04 和电源等部分组成。伺服放大器有三个输入信号通道和一个位置反馈信号通道,可以同时接收三个输入信号和一个位置反馈信号。输入信号在前置放大器内进行综合比较、放大,然后输出具有"正"或"负"极性的电压信号,两个触发器将前置级输出的不同极性的电压变成触发脉冲,分别触发晶闸管 SCR_1 和 SCR_2。主回路是采用一个晶闸管整流元件和四个整流二极管组成的交流开关电路,共有两组触点开关,可使电机正、反运转。

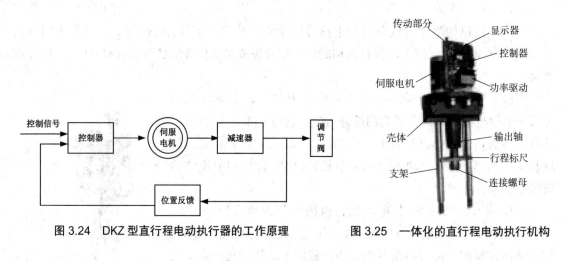

图 3.24　DKZ 型直行程电动执行器的工作原理　　图 3.25　一体化的直行程电动执行机构

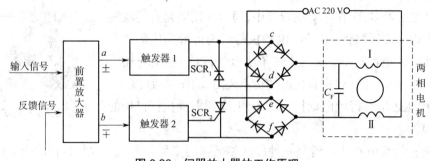

图 3.26　伺服放大器的工作原理

执行器由伺服电机、减速器和位置发送器三部分组成。

伺服电机是执行机构的动力装置,它将电能转换成机械能以对调节机构做功。

目前电动执行机构中常用的减速器形式有行星齿轮式和蜗轮蜗杆式,其中行星齿轮减速器由于体积小、传动效率高、承载能力大、单级速比可达 100 倍以上,获得广泛应用。

由于伺服电机转速高,且输出力矩小,即不能满足低调节速度的要求,不能直接带动调节机构,故须经减速器将高转速小力矩转化为低转速大扭矩输出。

位置发送器是将电动执行机构输出轴的位移量转变为直流 4~20 mA 反馈信号的装置。其主要部分是差动变压器,如图 3.27 所示。

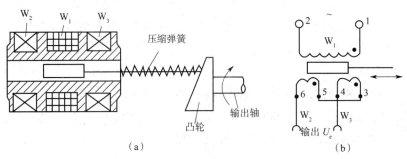

图 3.27　差动变压器
（a）结构示意　（b）原理
W_1—差动变压器输入线圈；W_2、W_3—差动变压器的输出线圈

3.3.3　调节机构

调节机构习惯上被称为调节阀,是执行器的调节部分,是一个可变阻力的节流元件。阀芯在阀体内的移动,改变了阀芯与阀座之间的流通面积,从而改变被调介质的流量,达到调节工艺参数的目的。

调节阀有正作用和反作用两种。将阀向下移动使阀芯与阀座之间的流通截面积减少的调节阀称为正作用式或正装调节阀;反之,称为反作用式或反装调节阀。

扫一扫:视频 3.6
凸轮挠曲阀

1. 调节阀的工作原理

通过调节阀的流体遵循流体流动的质量守恒和能量守恒定律。流体流经调节阀时的局部阻力损失可表示为

$$\Delta P_v = \xi \frac{\omega^2}{2g} = \frac{p_1 - p_2}{\rho g}$$

式中　ξ——调节阀的阻力系数,与阀门结构形式、流体性质、阀门前后差压及阀门开度等因素有关;

ω——流过阀的流体平均流速;

扫一扫:视频 3.7
隔膜阀

扫一扫:视频 3.8
蝶阀

ρ——流体密度;

p_1——阀前压力;

p_2——阀后压力。

设流体体积流量为 Q_v,接管截面积为 A,则

$$\omega = Q/A$$

$$Q = \omega A = \frac{A}{\sqrt{\xi}}\sqrt{\frac{2(p_1 - p_2)}{\rho}}$$

上式称为调节阀的流量方程。由此式可知,在调节阀器口径一定且 $\Delta P_v/\rho$ 不变的情况下,流量 Q_v 仅随阻力系数的变化而变化。当移动阀芯使开度改变时,阻力系数 ξ 随之变化,从而改变了流量 Q_v 的大小,达到调节流量的目的。

2.调节阀的分类

根据阀的动作形式,调节阀可以分为直行程式和转角式两大类。直行程式调节阀包括直通单座阀、直通双座阀、角形阀、三角阀、高压阀、超高压阀、隔膜阀、阀体分离阀等,转角式调节阀包括蝶阀、凸轮挠曲阀、球阀、套筒阀等。调节阀如图 3.28 所示。

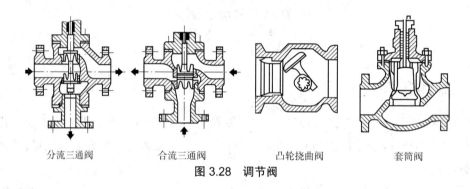

分流三通阀　　　　　合流三通阀　　　　　凸轮挠曲阀　　　　　套筒阀

图 3.28　调节阀

1)直行程式调节阀

Ⅰ.直通单座阀

直通单座阀的阀体内只有一个阀芯和一个阀座。直通单座阀的特点是结构简单、泄漏量小(甚至可以完全断流)和允许差压小。因此,它适用于要求泄漏量小、工作差压较小的干净介质的调节。在应用中应特别注意其允许差压,防止阀门关不死。

Ⅱ.直通双座阀

直通双座阀的阀体内有两个阀芯和阀座。它与同口径的直通单座阀相比,通流能力大20%~25%。因为流体对上、下两阀芯上的作用力可以相互抵消,但上、下两阀芯不易同时关闭,因此双座阀具有允许差压大、泄漏量较大的特点,故适用于阀两端差压较大,对泄漏量要求不高的干净介质的调节,不适用于高黏度和含纤维介质的场合。

Ⅲ.角形阀

角形阀的阀体为直角形,其流路结构简单,流阻小,适用于高差压、高黏度、含悬浮物和颗粒状物料介质的流量控制。此种调节阀稳定性较好,一般采用底进侧出。在高压场合下,为了

延长阀芯使用寿命,可采用侧进底出,但在小开度时容易发生振荡。

2)角行程式调节阀

Ⅰ.蝶阀

蝶阀的挡板以转轴的旋转来控制流体的流量。它由阀体、挡板、挡板轴和轴封等部件组成,结构简单、体积小、质量轻、成本低、流通能力强,特别适用于低差压、大口径、大流量气体和带有悬浮物介质的调节,但泄漏量较大。其流量特性在转角达到 70° 前和等百分比特性相似,70° 以后工作不稳定,特性也不好,所以蝶阀通常在 0°～70° 转角范围内使用。蝶阀不仅在石油、煤气、化工、水处理等一般工业中得到广泛应用,而且还应用于热电站的冷却水系统。

Ⅱ.凸轮挠曲阀

凸轮挠曲阀又称偏心旋转阀,是一种新型的调节阀。其球面阀芯的中心线偏离转轴中心线,转轴带动阀芯偏心旋转,使阀芯向前下方进入阀座。凸轮挠曲阀具有体积小、质量轻、使用可靠、维修方便、通用性强、流阻小等优点,适用于黏度较大介质的调节,对于石灰、泥浆等流体,具有较好的调节性能。

3.3.4　调节阀的流量特性

1.流量特性定义

调节阀的流量特性是指被调介质流过阀的相对流量与阀门相对开度之间的关系,可用下式表示:

$$\frac{Q_{\mathrm{v}}}{Q_{\mathrm{v\,max}}} = f\left(\frac{l}{L}\right)$$

式中　$\dfrac{Q_{\mathrm{v}}}{Q_{\mathrm{v\,max}}}$——相对流量;

　　　$\dfrac{l}{L}$——相对开度;

　　　Q_{v}——阀在某一开度时的流量;

　　　$Q_{\mathrm{v\,max}}$——阀在全开度时的流量;

　　　l——在某一开度时阀芯的行程;

　　　L——在最大开度时阀芯的行程。

2.调节阀的理想流量特性

一般来说,改变调节阀的阀芯与阀座间的流道面积,便可控制流量。但实际上阀总是串联在管道系统中的,当流通面积变化时,阀两端差压也会发生变化,这又会导致流量的改变。因此为了便于分析问题,先假定阀前后差压不变,再讨论阀本身的特性,即理想流量特性。

3.调节阀的可调比

调节阀的可调比指调节阀能够控制的最大流量 Q_{vmax} 和最小流量 Q_{vmin} 之比,也称可调范围,以 R 表示,即

$$R = Q_{\mathrm{vmax}}/Q_{\mathrm{vmin}}$$

Q_{vmin} 与泄漏量二者并不相同。Q_{vmin} 指阀能够控制的流量下限,一般为(2%～4%)q_{vmax},而

阀的泄漏量是指阀处于关闭状态下的泄漏量,用泄漏率表征,一般小于 1%C。C 为流量系数,其定义为:在给定行程下,阀两端的差压为 0.1 MPa、流体密度为 1 000 kg/m³ 时,每小时流经调节阀的流量数(m³/h)。

理想可调比:在调节阀前后差压保持不变时的可调比称为理想可阀比。

实际可调比:调节阀在实际工作时,因为系统阻力的影响,调节阀上差压产生变化,使可调比相应变化,这时的可调比称为实际可调比。

1)调节阀的理想流量特性

调节阀的理想流量特性调节阀在前后差压一定情况下的流量特性称为理想流量特性。

根据阀芯形状不同,调节阀的理想流量特性主要有直线、对数(等百分比)、抛物线及快开四种。

Ⅰ.直线流量特性

当调节阀的相对流量与相对开度成直线关系,即阀杆单位行程变化所引起的流量变化为常数时,称阀具有直线流量特性,可表示为

$$\frac{d(Q_v/Q_{v\max})}{d(l/L)} = K$$

积分求得

$$\frac{Q_v}{Q_{v\max}} = K\frac{l}{L}$$

式中 K——常数,即调节阀的放大系数。

对于具有直线流量特性的调节阀,单行程变化所引起的绝对流量变化相等,但引起的相对流量变化不等。在流量小时,流量变化的相对值大;而流量大时,流量变化的相对值小。也即当阀门开度小时,调节作用太强,易使系统产生振荡;而当阀门开度大时,调节作用又太弱,调节不灵敏、不及时。这种特性的调节阀不宜用于负荷变化较大的场合。

Ⅱ.对数流量特性

当阀杆单位行程变化所引起的相对流量变化与此点的相对流量成正比时,称阀具有对数流量特性,即调节阀的放大系数随相对流量的增加而增大,可表示为

$$\frac{d(Q_v/Q_{v\max})}{d(l/L)} = K\frac{Q_v}{Q_{v\max}}$$

积分求得

$$\frac{Q_v}{Q_{v\max}} = K^{\left(\frac{l}{L}-1\right)}$$

因此,调节阀的相对流量与相对开度成对数关系。

阀杆单位行程小时,相对流量变化小;该行程大时,相对流量变化大。只要阀杆行程变化相同,所引起的流量变化的相对值总是相等的。因此,使调节过程平稳缓和,有利于调节系统的正常运行。

Ⅲ.抛物线流量特性

当阀杆单位行程所引起的相对流量变化与此点的相对流量的平方根成正比时,称阀具有

抛物线流量特性,可表示为

$$\frac{\mathrm{d}(Q_v/Q_{vmax})}{\mathrm{d}(l/L)} = K\left(\frac{Q_v}{Q_{vmax}}\right)^{1/2}$$

抛物线流量特性介于直线流量特性与对数流量特性之间。

Ⅳ.快开流量特性

当调节阀的开度较小时,流量就很大,随着行程继续增加,很快达到最大流量,这种特性称为快开流量特性,可表示为

$$\frac{\mathrm{d}(Q_v/Q_{vmax})}{\mathrm{d}(l/L)} = K\left(\frac{Q_v}{Q_{vmax}}\right)^{-1}$$

这种特性的阀的阀芯是平板形的,其有效位移很小,主要用于需要迅速启闭的切断阀或双位调节系统。

2)调节阀的工作流量特性

实际使用调节阀时,由于调节阀串联在管路中或与旁路阀并联,阀前后的差压总在变化,这时流量特性称为调节阀的工作流量特性。

Ⅰ.串联管道工作流量特性

当调节阀串联在管路中时,系统的总差压 Δp 等于管路系统的差压 Δp_1 与调节阀的差压 Δp_v 之和,即

$$\Delta p = \Delta p_1 + \Delta p_v$$

其中, Δp_1 与流量的平方成正比。若系统的总差压 Δp 不变,调节阀一旦动作, Δp_1 将随着流量的增大而增加,调节阀两端的差压则相应减小。若以 S 表示调节阀全开时阀上的差压 Δp_v 与系统总差压 Δp 之比,以 Q_{vmax} 表示管道阻力等于零时调节阀在理想流量特性下的全开流量,则

$$S = \frac{\Delta p_v}{\Delta p}$$

当 $S=1$ 时,管道阻力损失为零,系统总压全在阀上,工作流量特性与理想流量特性一致。随后 S 减小,管道阻力损失增加,调节阀的流量特性发生畸变,实际可调比减小,调节阀由直线流量特性趋向于快开流量特性,对数流量特性渐渐趋向于直线流量特性。 S 值在 0.3~0.5 时为并联管道流量特性。

Ⅱ.并联管道的工作流量特性

调节阀一般都装有旁路,以便于手动操作和备用。当生产量提高而阀选得过小时,需要打开旁路阀,此时调节阀的理想流量特性就畸变为工作流量特性。这时管道总流量随阀开度的变化规律称为并联管道的工作流量特性。

设 x 为并联管道时阀全开流量与总管最大流量 Q_{vmax} 之比。当 $x=1$ 时,表示旁路阀全关,调节阀特性为理想流量特性,随着 x 减小,即旁路阀开大,调节阀的可调范围大大减小。而且在实际使用中,总有串联管道阻力的影响,调节阀上的差压随着流量的增加而降低,使可调范围进一步减小。因此,要尽量避免开通旁路阀的调节方式,以保证调节阀有足够的可调比。

4. 调节阀的流量系数和口径计算

流量系数表示通过调节阀流体的流动能力。调节阀全开时的流量系数称为额定流量系数,以 C_{100} 表示。C_{100} 反映调节阀的容量,是确定调节阀口径的主要依据,由阀门制造厂提供给用户。工程计算主要通过计算流量系数,从而确定调节阀的公称直径。根据 3.3.3 节中的调节阀流量方程:

$$Q_v = \frac{\alpha A}{\sqrt{\xi}} \sqrt{\frac{\Delta p}{\rho}}$$

式中　　α——与单位制有关的常数。

上式表明 $\Delta p/\rho$ 不变,ξ 减小,流量 Q_v 就增大;反之,ξ 增大,Q_v 则减小。调节阀就是按照输入信号通过改变阀芯行程来改变阻力系数的,从而达到调节流量的目的。

根据调节阀流量系数的定义,得

$$C = \frac{\alpha A}{\sqrt{\xi}}$$

因此,对于其他的阀前后的压降和介质密度,有

$$C = Q_v / \sqrt{(p_1 - p_2)/\rho}$$

C 值取决于调节阀的流通面积 A(或阀的公称直径)和阻力系数 ξ,在一定条件下是一个常数,因此根据流量系数 C 可以确定调节阀的公称直径。

阻塞流是指当阀入口处的压力 p_1 保持恒定,并逐步降低至出口压力 p_2 时,流过阀的流量总和增加到一个最大值,这时若继续降低出口压力,流量不再增加,此极限流量称为阻塞流。

在计算 C 值时,首先要确定调节阀是否处于阻塞流状态。为此,对于气体、蒸汽等可压缩流体引入了一个系数 X 称为差压比,$X = \Delta p/p_1$。若以空气为实验流体,对于一个给定的调节阀,产生阻塞流时其差压比是一个常数,称为临界差压比 X_T。对于空气以外的其他可压缩流体,产生阻塞流的临界条件是 X_T 乘以比热容系数 F_k。F_k 为可压缩流体绝热指数 R 与空气绝热指数($R_{air} = 1.4$)之比。X_T 值只取决于调节阀的结构,即流路形式。

3.3.5　电-气阀门定位器

1. 电-气转换器

电-气转换器的作用是把从电动变送器送来的电信号(直流 0~10 mA 或 4~20 mA)变成气信号(20~100 kPa),送到气动执行器或气动显示仪表。

电-气转换器的工作原理是当一定大小的直流电流信号输入置于恒定磁场中的测量线圈时,所产生的磁通与磁钢在空气隙中的磁通相互作用而产生一个向上的电磁力(即测量力)。同时,线圈固定在杠杆上,使杠杆绕十字簧片偏转,于是装在杠杆另一端的挡板靠近喷嘴,使其背压升高,经过放大器功率放大器后,一方面输出,一方面反馈到正负两个波纹管,建立起与测量力矩相平衡的反馈力矩。因而输出气压信号就与线圈电流信号成一一对应关系。

2. 电-气阀门定位器

电-气阀门定位器有电-气转换器和气动阀门定位器两种作用。

电-气阀门定位器是气动执行器的一种重要辅助装置,通常与气动执行机构配套使用,安装在调节阀的支架上。它直接接收电动调节器输出的电信号,并产生与之成比例的气压信号,推动阀杆带动阀芯动作,从而达到控制阀门开度的目的。

电-气阀门定位器的结构如图 3.29 所示。

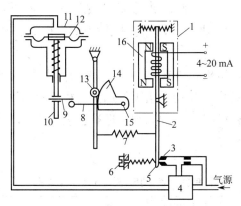

图 3.29 电-气阀门定位器结构

1—力矩马达;2—主杠杆;3—喷嘴;4—气动放大器;5—挡板;6—调节弹簧;7—反馈弹簧;8—摆杆;9—板状部件;10—阀杆;11—薄膜调节阀;12—执行机构;13—滚子;14—凸轮;15—凸轮轴;16—永久磁钢

电-气阀门定位器的主要功能是:改善调节阀的定位精度,改善调节阀的动态特性,改变调节阀的动作方向,用于分程控制。

从调节器来的直流电流信号经过力矩马达的线圈,使线圈内的主杠杆磁化,而主杠杆又处于永久磁钢的磁场中,因此将使主杠杆绕其支点逆时针方向转动,于是其下端的挡板靠近喷嘴,使喷嘴内的空气压力上升;压力经过气动放大器之后,送入薄膜调节阀,使其上部的空气压力增大,并推动阀杆向下运动。

阀杆上装有板状部件,它和末端呈球状的反馈杆组成正弦机构,将阀杆的直线位移变为凸轮轴的转角。随着阀杆的下移,凸轮轴逆时针方向转动,这时凸轮推动副杠杆上的滚子,使副杠杆左摆,则反馈弹簧被拉伸。当反馈弹簧对主杠杆产生的力矩与力矩马达产生的力矩平衡时,主杠杆对应调节器的控制信号的关系,而阀杆位移量与开度之间的关系是确定的,所以电流信号就能使阀位确定下来。

3.3.6 调节阀的选择

调节阀是控制系统的调节机构,它接收调节器的命令执行控制任务。调节阀选择得合适与否,直接关系到能否很好地起到控制作用,因此,对它必须给予足够的重视。

调节阀的选型主要包括形式选择、口径选

扫一扫:视频 3.9
气动阀门
定位器

扫一扫:视频 3.10
三通阀

择、固有流量特性选择及材质选择等。

1. 调节阀口径的选择

调节阀的口径直接决定了控制介质流过它的能力。从控制角度看,调节阀口径选得过大,超过了正常控制所需的介质流量,调节阀将经常在小开度下工作,阀的特性将会发生畸变,阀性能就较差。反过来,如果调节阀口径选得太小,正常情况下调节阀都在大开度下工作,阀的特性也不好。此外,调节阀口径选得过小也不适应生产发展的需要,一旦需要设备增加负荷,调节阀原有的口径就不够用了。因此,从控制的角度来看,选择调节阀的口径时应留有一定的余量,以适应增加生产的需要。调节阀口径一般由仪表工作人员按要求进行计算后再行确定。

2. 气开/气闭形式的选择

气动薄膜调节阀由执行机构和调节机构两部分组成。执行机构分正作用和反作用两种形式。当信号压力增加使推杆向下移动的叫正作用执行机构;信号压力增大使推杆向上移动的叫反作用执行机构。调节机构(调节阀)的阀芯也有正装和反装两种,因此实现调节阀的气开/气闭有四种组合方式,见表3.1。

表3.1　气动薄膜调节阀组合方式

序号	执行机构	阀芯	调节阀
(a)	正	正	气闭
(b)	正	反	气开
(c)	反	正	气开
(d)	反	反	气闭

气动薄膜调节阀的工作方式有气开式和气关式两种。气开式和气关式调节阀的结构大体相同,只是输入信号引入的位置和阀芯的安装方向不同,如图3.30所示。

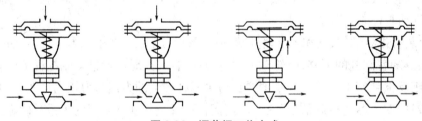

图3.30　调节阀工作方式

对一个具体的控制系统来说,究竟是选气开阀还是选气闭阀,要由具体的生产工艺决定。一般来说,可根据以下几条原则进行选择。

(1)从生产安全出发,即当气源供气中断,或调节器出现故障而无输出,或调节阀膜破裂而漏气等使调节阀无法正常工作,以致阀芯回复到无能源的初始状态(气开阀回复到全闭,气闭阀回复到全开)时,应能确保生产工艺设备的安全,不致发生事故。

(2)从保证产品质量出发,当发生调节阀处于无能源状态而回复到初始位置时,不应降低产品质量。

（3）从降低原料、成品、动力损耗来考虑，以免造成浪费。

（4）从介质的特点考虑，如精馏塔塔釜加热蒸汽调节阀一般选气开式，以保证在调节阀失去能源时能处于全闭状态，避免蒸汽浪费；但是如果釜液是易凝、易结晶、易聚合的物料，调节阀则应选气闭式，以防调节阀失去能源时阀门关闭，蒸汽无法进入而导致釜内液体结晶和凝聚。

3. 结构形式的选择

选择结构形式时，首先要考虑工艺条件，如介质的压力、温度、流量等；其次要考虑介质的性质，如黏度、腐蚀性、毒性、状态、洁净程度；最后还要考虑系统的要求，如可调比、噪声、泄漏量等。

调节阀的结构形式很多，其分类主要是依据阀体及阀芯的形式，主要类型如图 3.31 所示，适用场合见表 3.2。

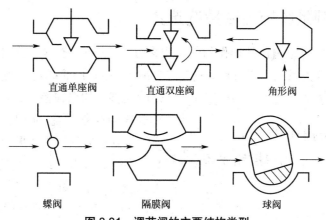

图 3.31 调节阀的主要结构类型

表 3.2 不同类型调节阀的特点及适用场合

调节阀	特点及适用场合
直通单座阀	阀前后压降低，适用于要求泄漏量小的场合
直通双座阀	阀前后压降大，适用于允许较大泄漏量的场合
角形阀	适用于高压降、高黏度、含悬浮物或颗粒状物质的场合
三通阀	适用于分流或合流控制的场合
蝶阀	适用于有悬浮物的流体、大流量气体、差压低、允许较大泄漏量的场合
隔膜阀	适用于有腐蚀性介质的场合
球阀	适用于高黏度介质的场合

项目4 简单控制系统

学习目标

(1) 掌握简单控制系统被控变量与操纵变量的选择。
(2) 掌握水箱液定值控制系统的工作原理。
(3) 掌握简单控制系统的方案实施。

任务1 简单控制系统被控变量与操纵变量的选择

4.1.1 简单控制系统被控变量的选择

一个生产过程尽管影响正常操作的因素很多,但并非所有影响因素都要实现自动调节。被控变量的选择直接关系到生产过程的稳定、产品产量和质量的提高以及生产安全与劳动条件的改善。如果被控变量选择不当,不管组成什么样的控制系统,使用什么样的调节器,都不能达到预期的控制效果。

扫一扫:PPT 4.1
简单控制系统

扫一扫:视频 4.1
简单控制系统 1

扫一扫:视频 4.2
简单控制系统 2

在过程控制系统中,控制对象是最重要的工艺设备,它是由生产工艺决定的,如物料加热(冷却)用的加热器,进行化学反应的反应器,对半成品进行分离的精馏塔等。对于确定的控制对象,被控变量的选择有时是十分简单的。假如工艺操作参数是液位、压力、流量、温度等,很显然宜直接选用液位、压力、流量、温度为被控变量。如果控制对象的输出参数是成分、浓度、酸碱度等,也首先应考虑直接选用这些质量指标作为被控变量。

采用质量指标作为被控变量,必然要涉及产品成分或物性参数(如密度、黏度等)的测量,这就需要用到成分分析仪表和物性参数测量仪表。有关成分和物性参数的测量问题,目前国内还没有足够好的方法。往往由于没有合适的测量仪表,或者虽有测量仪表,但价格非常昂贵,这时可以选择间接参数作为被控变量,如最常见的温度。但必须注意,所选的间接参数必须与直接参数有单质的对应关系,并且还需要有一定的变化灵敏度,即随着产品质量的变化,间接参数必须有足够大的变化。

以苯、甲苯二元系统的精馏为例,如图 4.1 所示。在气、液两相并存时,塔顶内易挥发组分的浓度 X_D、温度 T_d 和压力 p 三者之间有着如下关系:

$$X_D = f(T_d, p)$$

这里 X_D 是直接反映塔顶内产品纯度的直接质量指标。如果有合适的成分分析仪表，那么就可以选择塔顶内易挥发组分的浓度 X_D 作为被控变量，形成成分控制系统。如果成分分析仪表不好解决，或因成分测量滞后太大，控制效果差，达不到质量要求，则可以考虑选择一个间接参数，如选择塔顶温度 T_d 或压力 p 作为被控变量，形成相应的控制系统。

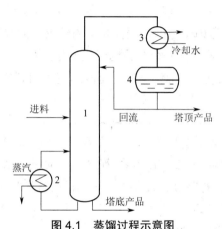

图 4.1　蒸馏过程示意图

1—精馏塔；2—蒸汽加热釜；3—冷凝器；4—回流罐

当塔顶压力 p 恒定时，浓度 X_D 和温度 T_d 之间存在单值对应关系，如图 4.2 所示，易挥发组分浓度越低，与之相对应的温度越高。当塔顶温度 T_d 恒定时，浓度 X_D 和压力 p 之间也存在单值对应关系，如图 4.3 所示，易挥发组分浓度越高，与之对应的压力就越高。这就是说，在温度 T_D 与压力 p 两者之间，只要固定其中一个变量，另一个变量就可以代替浓度 X_D 作为间接指标。说明，塔顶温度和塔顶压力都可以作为被控变量。

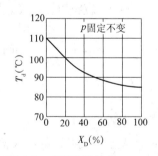

图 4.2　苯甲苯溶液的 T_d-X_D

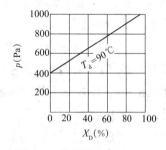

图 4.3　苯甲苯溶液的 p-X_D

然而，从合理性考虑，一般都选温度 T_d 作为被控变量。因为在精馏操作中，往往希望塔顶压力保持一定，因为只有塔顶压力保持在规定的压力之下，才能保证分离纯度及塔的效率和经济性。如果塔顶压力波动，塔内原来的气、液平衡关系就会遭到破坏，随之相对挥发度就会发生变化，塔将处于不良的工况。同时，随着塔顶压力的变化，塔的进料和出料相应地也会受到影响，原先的物料平衡会遭到破坏。另外，只有当塔顶压力固定时，精馏塔各层塔板上的压力才近乎恒定，这样，各层塔板上的温度与浓度之间才有单值对应关系。由此可见，固定塔顶压力,选择温度作为被控变量是可行的,也是合理的。

综合上述分析,可以总结出以下几条选择被控变量的原则:

(1)应当尽量选择质量指标作为被控变量,因为它表征了生产产品的质量;

(2)当不能选择质量指标作为被控变量时,应当选择一个与质量指标有单值对应关系的间接参数作为被控变量;

(3)被控变量应比较容易测量,并具有较小的滞后和足够大的灵敏度;

(4)选择被控变量时,需考虑工艺的合理性和国内外仪表的现状。

被控变量确定之后,还需要选择一个合适的操纵变量,以便被控变量在外界干扰作用下发生变化时,能够通过对操纵变量的调整,使被控变量迅速返回到原先的设定值上,以保持产品质量不变。

> 老子曾经说过"合抱之木,生于毫末;九层之台,起于累土;千里之行,始于足下。"告诫我们,做事情要从基础的开始,掌握工作方法,那么复杂的事情也会迎刃而解。正如控制系统,掌握了简单的控制系统,复杂的控制系统也就会自然而然掌握了。

4.1.2　简单控制系统操纵变量的选择

在过程控制系统中,把用来克服干扰对被控变量的影响,实现控制作用的变量成称为操纵变量,具体来说,就是执行器的输出变量。操纵变量一般选择系统中可以调整的物料量或能量参数。最常见的操纵变量是某种介质的流量。一个系统中,可作为操纵变量的参数往往不止一个。操纵变量的选择,对控制系统的控制质量有很大影响。

(1)对工艺进行分析,在影响被控变量的诸多输入中,选择一个可控性良好的输入变量,而其他未被选中的所有输入变量,则称为系统的干扰变量。原则上,应将对被控变量影响较显著的可控因素作为操纵变量。

(2)值得注意的是,在影响被控变量的诸多因素中,确定了一个因素作为操纵变量后,其余的因素都自然成了影响被控变量的干扰变量。

(3)概括起来,选择操纵变量的原则有以下几点:

①所选的操纵变量必须是可控的,即是工艺上允许调节的变量;

②所选的操纵变量应是调节通道放大倍数比较大者,最好大于干扰通道的放大倍数;

③所选的操纵变量应使干扰通道的时间常数越大越好,而调节通道时间常数应适当小一些为好,但不宜过小;

④所选的操纵变量其通道纯滞后时间应越小越好;

⑤所选的操纵变量应尽量使干扰点远离被控变量而靠近调节阀;

⑥在选择操纵变量时还需考虑工艺的合理性(一般来说,生产负荷直接关系到产品的产量,不宜经常变动,在不是十分必要的情况下,不宜选择生产负荷作为操纵变量);

⑦在选择操纵变量时,还应考虑工艺的合理性,尽可能地降低物料和能量的消耗。

下面以一个具体事例说明这些原则的应用。某精馏塔设备如图 4.4 所示,根据工艺要求,已选定提馏段某块塔板上温度作为被控变量。那么,自动控制系统的任务就是通过维持某塔板温度恒定,来保证塔底产品的成分满足要求。

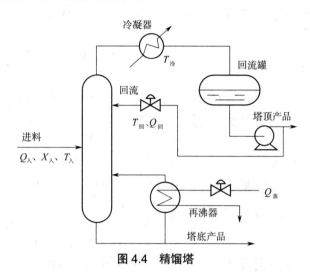

图 4.4　精馏塔

从工艺分析可知,影响提馏段灵敏板温度 $T_灵$(温度变化最灵敏的板,记为灵敏板)的因素主要有进料流量($Q_入$)、成分($X_入$)、温度($T_入$)、回流流量($Q_回$)、加热蒸汽流量($Q_蒸$)、冷凝器冷却温度($T_冷$)及塔顶压力(p)等。这些因素都会影响被控变量 T 的变化,如图 4.5 所示。现在的问题是选择哪一个变量作为操纵变量。为此,可将这些影响因素分为两大类,即可控的和不可控的。从工艺角度来看,本例中只有回流量 $Q_回$ 和加热蒸汽量 $Q_蒸$ 为可控变量,其他均为不可控变量。当然,在不可控的变量中,有些也是可以调节的,如 $Q_入$、p 等,只是工艺上不允许用这些变量去控制塔内的温度(因为 $Q_入$ 的波动意味着生产负荷的波动;p 的波动意味着塔的工况不稳定,这些都是不允许的)。在两个可控变量中,蒸汽流量的变化对提馏段温度的影响更迅速、显著。同时,从经济角度来看,控制蒸汽流量比控制回流量所消耗的能量要小,所以通常应选择蒸汽流量作为操纵变量。

(4)操纵变量和干扰变量作用在控制对象上,都会引起被控变量的变化,如图 4.6 所示。干扰变量由干扰通道施加在控制对象上,起着破坏作用,使被控变量偏离设定值;操纵变量由控制通道施加在控制对象上,使被控变量回复到设定值,起着校正作用。这是一对相互矛盾的变量,它们对被控变量的影响都与控制对象的特性有密切关系。因此在选择操纵变量时,要认真分析对象特性,以提高控制系统的调节品质。

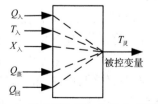

图 4.5　影响提馏段温度的各种因素

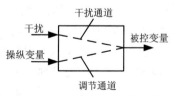

图 4.6　干扰通道与调节通道

任务 2　简单控制系统控制规律的选取

有关各种控制规律对控制质量的影响,已在前文中做了分析和论述,关于对控制规律的选择依据,可归纳为以下几点。

扫一扫:PPT 4.2
控制系统的投
运与常见问题

扫一扫:视频 4.3
控制系统的投
运与常见问题

扫一扫:视频 4.4
串级控制

(1)当控制对象调节通道和测量元件的时间常数 T_0 较大而纯滞后 τ_0 很小,即 τ_0/T_0 很小时,应用微分控制作用,可以获得良好的调节效果。

(2)当控制对象调节通道和测量元件的时间常数 T_0 较小,纯滞后 τ_0 较大,$\tau_0 > T_0/2$ 时,应用微分控制作用不可能产生较好的调节效果。

(3)当控制对象调节通道的时间常数较小,系统负荷变化较小时,为了消除干扰引起的余差,应采用积分控制作用。例如,流量控制经常采用比例积分作用就是这个道理。

(4)当控制对象调节通道时间常数较小,而负荷变化很快时,微分作用和积分作用都会引起振荡,使控制质量变坏。如果控制对象调节通道的时间常数很小,采用反微分作用可以收到良好的调节效果。

(5)如果控制对象调节通道滞后很大,负荷变化很大,这时,简单控制将无法满足要求,只能设计更复杂的控制来进一步加强抗干扰能力,以满足工艺生产的要求。

下面以一个实例说明控制规律对控制质量的影响。某炼油厂用管式加热炉把原油加热到一定的温度,如图 4.7 所示。控制方案已经确定,工艺要求出口温度偏差不大于 ±2 ℃。对于这样高的要求,显然必须采用合理控制方案。

先是采用比例控制作用,经过比例度的调整实验,控制过程曲线如图 4.8(a)所示。从曲线可以看出,当燃料油压力波动 5% 时,系统的过渡时间为 9 min,最大偏差为 4.5 ℃,余差为 3 ℃,超过了 ±2 ℃,显然不能满足工艺要求。

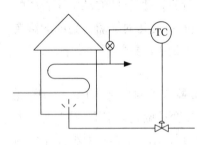

图 4.7　管式加热炉出口温度控制

后来在相同的燃料油压力干扰下,分别进行比例积分控制作用、比例微分控制作用、比例积分微分控制作用的实验,实验结果如图 4.8(b)、(c)、(d)所示。

从图 4.8 可以清楚地看到,在增加积分控制作用之后,控制系统超调量增加,过渡时间延长,振荡次数增多,唯一的好处是,不管燃料油压力变化还是负荷变化,控制系统最终都能消除余差。由图 4.8(b)可知,增加了积分控制作用,对消除调节通道的滞后毫无用处,这是因为,调节通道的容量滞后和纯滞后都比较大,由于积分随时间的积累作用,促使控制系统的振荡加剧,超调量增加。必须指出,积分控制作用虽然消除了余差,但是降低了系统的稳定性。如果需要保持原来的稳定性,就应该加大比例度,这就意味着控制质量的降低。在实验中发现。当负荷突然有大的变化时,控制系统仍然可以消除余差,但是这个时候其他质量指标会显著降低。

与纯比例控制作用相比较,采用比例微分控制作用后,控制系统的余差减小了,超调量也减小了,过渡时间缩短了,见图 4.8(c)。可见对容量滞后很大、纯滞后较小的调节通道增加微分控制作用,可以全面改善调节质量。同时在实验中发现,当负荷频繁变化时,由于微分控制作用,输出风压剧烈波动,致使系统产生振荡。

当采用比例积分(PID)微分控制作用时,不仅控制系统克服干扰的能力大大加强,而且系统的稳定性也大大提高。可以看到,PID 调节器所起的作用,不是简单的三种控制作用叠加,而是三种控制作用互相促进。例如,微分控制作用的实质是阻止被控变量的一切变化,当引入微分控制作用时,不仅可以把比例度相应减小,而且还可以把积分时间缩短,能够使系统应用较小的比例度而不致产生振荡,能够采用较强的积分控制作用而不会造成稳定性的降低。但在这个控制系统中,如果负荷有大幅度变化,控制系统将无法克服,只能借助串级控制来解决这个问题。

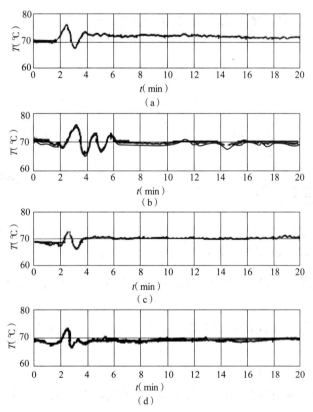

图 4.8　不同控制过程的比较图
(a)比例控制　(b)比例积分控制　(c)比例微分控制　(d)比例积分微分控制

任务 3　简单控制系统的方案实施

简单控制系统的方案实施主要包括:仪表选型,即确定并选择全部仪表(包括辅助性仪表);以选择的仪表为基础,设计控制系统接线图并实施。本书仅以 DDZ-Ⅲ 型仪表构成的较常见的方案为例进行介绍。

【例 4.1】 列管式换热器的温度控制系统方案,如图 4.9 所示。在该方案中,换热器以蒸汽为加热介质,被加热介质无腐蚀性,出口温度为(350 ± 5)℃。要求记录出口温度,并对超上限情况进行报警;采用 DDZ-Ⅲ 型仪表,并组成本质安全的控制系统。在工艺流程的基础上,又清楚地标明了自动控制系统而形成的工艺流程,称为带控制点工艺流程,它是自动控制工程中极重要的一部分。

当控制方案确定以后,紧接着的设计工作称为仪表选型,也就是根据工艺条件和工艺数据,选择合适的仪表,组成控制系统。下面以上海自动化仪表集团的产品为例进行仪表选型。

(1)测温一次元件的选择。依据控制温度为 350 ℃,宜采用铂热电阻测温。若采用图 4.10 所示的安装方式,其产品型号为 WZP-210, $L = 200$ mm,套管为碳钢保护套管,分度号为 Pt100。

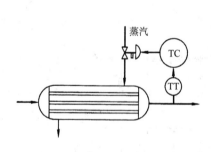

图 4.9　列管式换热器的温度控制方案

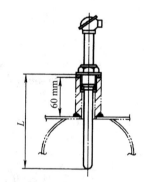

图 4.10　热电阻的安装

(2)温度变送器型号为 DBW-4230,测温范围为 0~500 ℃,分度号为 Pt100,应注意和一次元件相配套。

(3)单笔记录仪型号为 DXJ-1010S,输入为 DC 1~5 V,标尺为 0~500 ℃,应注意和一次仪表、温度变送器相配套。

(4)电动配电器型号为 DFP-2100。

(5)电动指示调节器型号为 DTZ-2100S,使用 PID 控制规律,选定正、反作用位置后并将其置入。

(6)操作端安全栅型号为 DFA-3300。

(7)电气阀门定位器型号为 ZPD-1111。

(8)报警给定仪型号为 DGJ-1100,用于上限报警设定。

（9）闪光报警仪型号为 XXS-01。

（10）气动薄膜调节阀，如 ZMAP-16$_B^K$ DNXX。

若温度变送器安装在现场，则需添加输入端安全栅，型号为 DFA-3100。若现场仪表采用压力变送器、差压变送器组成压力自动控制系统、流量自动控制系统，其基本组成相同，仅做适当修改即可。

方框图是控制系统数学模型最基本的表达形式之一，辅以仪表接线端子组成的接线图。在这两种图中，一般只表示控制系统的信号流向，而不考虑电源的去向和供给，控制系统的接线图在工程设计中是制定其他图纸的基础。图 4.11 和图 4.12 是温度控制系统的方框图和接线图，图中共有三个信号回路。

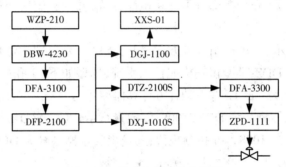

图 4.11　温度控制系统方框图

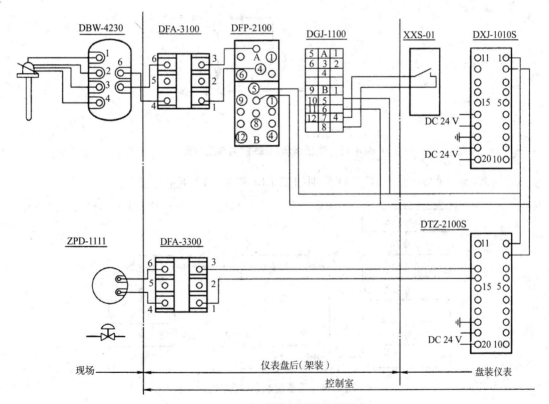

图 4.12　温度控制系统接线图

（1）热电阻和温度变送器输入端的信号回路。热电阻采用四线制连接。

（2）温度变送器和测量记录仪、调节器的输入回路。温度变送器经检测端安全栅,其信号为 DC 4~20 mA,在配电器中,转换为 DC 1~5 V,送到报警单元、记录仪表和调节器输入端,它们采用并联接法。

（3）调节器的输出回路。调节器的输出经输出安全栅,送到电气阀门定位器,转换成 0.02~0.1 MPa 输出,推动气动薄膜调节阀动作。

将上述本质安全的控制系统使用在非本质安全防爆的场合时,即在工程中降低防爆等级时,只取消输入端和输出端的安全栅即可。

人们在总结仪表使用经验的基础上,不断推出结构更简单、使用更方便的各种类型的仪表。因此,如温度变送器、安全栅部分由一块电路构成,并附在温度变送器内,选择此种仪表时,控制室内不用安全栅,直接可用配电器来供电。

【例 4.2】 流量指示、积算控制系统方案,如图 4.13 所示。图中流量用孔板测量,流量孔板装于调节阀前,采用 DDZ-Ⅲ 型仪表构成控制系统,选型如下:①孔板型号为 DN20;②电容式电动差压变送器型号为 CECC;③电动开方计算器型号为 DXS-2300S;④输入安全栅型号为 DFA-3100;⑤电动配电器型号为 DFP-2100S;⑥流量指示仪(可选 DXZ 系列数显表);⑦电动指示调节仪型号为 DTZ-2100S,PI 控制规律;⑧输出安全栅型号为 DFA-3300;⑨电气阀门定位器型号为 ZPD-1111-H Ⅲ e ;⑩气动调节阀为 RX 系列。

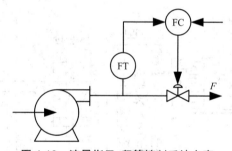

图 4.13　流量指示、积算控制系统方案

流量控制系统的方框图和接线图分别如图 4.14 和图 4.15 所示。

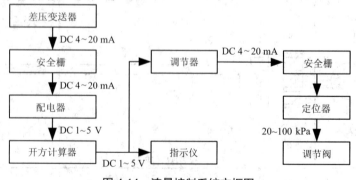

图 4.14　流量控制系统方框图

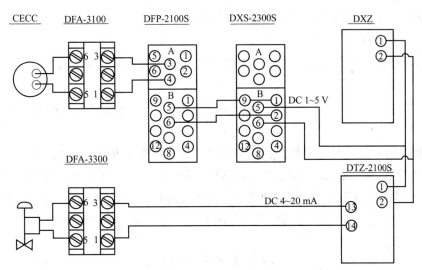

图 4.15　流量控制系统接线图

任务 4　简单控制系统的投运和工程整定

4.4.1　过程控制系统投运前的准备

在过程控制系统安装完毕后,或经过停车检修,再开车投产前,都要进行过程控制系统的投运。投运是过程控制系统投入运行的简称。

1.投运前的准备工作

1)熟悉工艺过程

了解主要工艺流程,各工艺变量之间的关系,主要设备的功能、控制变量和要求。

2)熟悉控制方案

全面掌握设计意图,各控制方案的构成,了解测量元件、调节阀的安装位置、管路走向、工艺介质的性质等。

3)熟悉仪表情况

要清楚测量元件和调节阀的规格、形式(气开、气闭),掌握仪表的单校和联校方法。

2.投运前全面检查

1)电气线路检查

(1)对于气动系统,首先检查气源,要保证有稳定、纯净的气源供应。

(2)对气动线路进行查线,主要进行查错、查堵、查漏。

(3)对电动系统进行电源检查,检查接线是否正常,保险是否接牢。

(4)对线路进行查错,附带查绝缘电阻。

(5)检查接线情况,导线接头表面应整洁,端子螺丝必须拧牢固,不可松动。

(6)对于温度系统中的热电偶(热电阻),要检查补偿导线,检查补偿导线的极性是否接反,配合某些测量仪表的外接电阻是否合乎规定要求。

2)引压导管检查

对引压导管也应查错、查漏和查堵。同时检查三阀组及排污阀是否有堵塞现象。

3)调节器检查

检查调节器的正、反作用及调节阀的气开、气闭形式,构成具有被控变量负反馈的闭环控制系统。

负反馈的实现,完全取决于构成控制系统各个环节的作用方向。也就是说,控制系统中的被控对象、变送器、调节器、执行器都有作用方向,可用"+""-"号来表示。如果它们组合不当,使总的作用方向构成了正反馈,则控制系统不但不能起控制作用,反而会破坏生产过程的稳定性。所以在系统投运前必须检查各环节的作用方向。如何确定环节作用方向参见表4.1。

表 4.1　确定环节作用方向

环节	作用方向	
	正作用方向(+)	反作用方向(-)
调节器	输出随被控变量增大而增大	输出随被控变量增大而减小
调节阀	气开阀	气闭阀
被控对象	当调节阀开打时,被控变量增大	当调节阀开打时,被控变量减小
变送器	如实反映被控变量大小,只有正作用	—

为使控制系统构成负反馈,四个环节作用方向的乘积应为"负反馈",即"被挫对象"×"变送器"×"调节阀"×"调节器"="负反馈"。

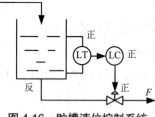

图 4.16　贮槽液位控制系统

例如,图 4.16 所示的贮槽液位控制系统,被控变量为贮槽液位 L,操纵变量为流体流出的流量 F。若本例贮槽液位过低,会发生危险,则从安全角度,需选用"气开阀"即调节阀为"正作用"。当调节阀开大时,F 增大,则 L 下降,所以该对象的作用方向为"反作用"。因变送器只有"正作用",为使控制系统为负反馈,则调节器应选"正作用"。

4.4.2　过程控制系统的投运

在充分做好投运前的准备之后,系统进入投运使用阶段。下面以精馏塔塔顶温度控制系统(图 4.17)为例,介绍简单过程控制系统的投运步骤。

扫一扫:视频 4.5
截止阀自动化
控制技术 3D
动画

1. 现场手动操作

调节阀的前后各安装一个截止阀(阀 2 和阀 1),阀 2 为上游阀,阀 1 为下游阀。另外,为了在调节阀或控制系统出现故障时不致影响正常的工艺生产,通常在旁路上安装旁路阀(阀

3）。开车时,先将阀 1 和阀 2 关闭,手动操作阀 3,待工况稳定后,可转入手动遥控调节。

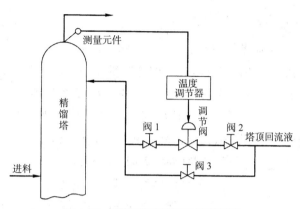

图 4.17　精馏塔塔顶温度控制系统

2. 由手动遥控切换到自动

由手动遥控切换到自动的切换过程要求做到无扰动切换。所谓无扰动切换,就是不因切换操作给被控变量带来干扰。因此总的切换要求是平稳、迅速,实现无扰动切换。

4.4.3　调节器的参数整定及整定中应注意的问题

好的调节过程使调节器获得最佳参数,即过渡过程快速、稳定。一般希望调节过程衰减比较大,超调量小些,调节时间短一些,又没有余差。对于定值控制系统,一般希望有 4：1 的衰减比,即过程曲线振动一个半波就大致稳定。如对象时间常数太大,调整时间太长,可采10：1 的衰减比。

通过实验的方法寻找调节器最佳参数,目前常用的方法主要有衰减曲线法、临界比例度法、经验法和反应曲线法。

衰减曲线法和临界比例度法先按预定的过渡过程曲线形状进行在线闭合整定,找到符合这种曲线的具体参数,然后进行适当的计算,求出符合衰减比的过渡过程所需的调节器最佳参数组合。

反应曲线法从对象特性入手,绘制对象的反应曲线,求出时间常数、滞后时间、静态放大倍数,然后再根据经验公式求出调节器的最佳参数组合。

以上四种方法在整定过程中,都以设定值的阶跃信号作为控制系统的输入,根据记录仪表的记录和被控变量的变化过程来寻找调节器参数的最佳组合,这样在整定过程中,就不允许有其他干扰作用于系统。对于干扰频繁、记录曲线不规则或难于获得对象特性资料的情况,按上述整定方法进行整定,困难很大。遇到这种情况时,“看曲线、调参数”的在线经验整定法就有用武之地了。它也是直接闭合整定,是指根据一些经验,先确定一组调节器参数,然后在生产实际运行中,观察曲线,并以调节规律对调节质量的影响分析为指导,逐步寻找参数,直到记录仪表所绘制的曲线各项指标都满足要求为止。采用经验法整定,各项指标的认定都因人的经验而异,整定参数的质量与人的经验有很大关系。下面介绍三种常用参数整定方法的步骤及注意事项。

1. 临界比例度法

（1）临界状态和临界参数。在外界干扰或设定作用下，自控系统出现一种既不衰减，也不发散的等幅振荡过程，叫作临界状态或临界过程，如图 4.18 所示。决定临界状态的参数，叫作临界参数，即临界比例度 δ_k 和临界周期 T_k。被控变量处于临界状态时的比例度，为临界比例度 δ_k。在临界状态下，被控量来回振荡一次所经历的时间，为临界周期 T_k，如图 4.18 所示。

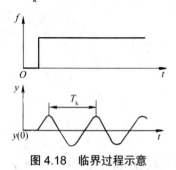

图 4.18　临界过程示意

（2）当比例度小于临界值 δ_k 时，系统失去平衡，出现发散性振荡，使被控变量超过工艺要求的范围，造成不应有的损失，所以在寻找临界状态时，应格外小心。

2. 临界比例度工程整定的方法

临界比例度法亦称等幅振荡比例度法，其特点是无须求得控制对象特性，直接在闭合的控制系统中进行整定。当系统投运以后，在纯比例控制作用下，从大到小逐渐改变调节器的比例度，得到临界振荡过程，即使系统等幅振荡。把临界振荡时的比例度 δ_k 和从图上读出的临界状态的周期 T_k，按表 4.2 计算出调节器各个参数的整定值，最后经过实际调整稍做修改就可以得到较好的参数。

1）整定步骤

（1）在系统为闭环的情况下，将调节器的积分时间设置为最大，微分时间设置为零，比例度适当（一般为 100%）。

（2）在干扰作用下，逐步将调节器比例度减小，细心观察被控变量的变化情况。如果过渡过程是衰减的，则应把比例度继续减小；如果过渡过程是发散的，则应把比例度放大，直到出现 4~5 次等幅振荡为止。

（3）读出 δ_k 和 T_k，根据表 4.2 中的经验公式求出调节器的 δ、T_I、T_D。

（4）求得各参数的具体数值后，先把比例度放在比计算值稍大一些（约 20%）的数值上。再依次放上积分时间和微分时间，最后再把比例度放回计算值即可。给系统一个适当的阶跃信号，细心观察过渡过程，最后再根据此过程曲线加以修正，直到过渡过程达到满意为止。

表 4.2　临界比例度法整定调节器参数

控制规律	调节器参数		
	比例度 $\delta(\%)$	积分时间 $T_I/\min$	微分时间 $T_D/\min$
P	$2\delta_k$	—	—
PI	$2.2\delta_k$	$0.85T_k$	—
PID	$1.7\delta_k$	$0.5T_k$	$0.13T_k$

2）注意事项

临界比例度法整定参数，由于观察等幅振荡的调节过程较容易，易于掌握，所以应用很广，但在下列情况时不宜采用。

（1）临界比例度过小，控制系统接近双位调节，阀不是全开就是全关，对生产不利，例如燃油加热炉温度控制系统就不能用此法。因此在工艺上控制要求较严格,在较长时间的等幅振荡会影响生产安全的场合,应避免使用此法。

（2）采用此法应和有脉动信号的对象区别开来,即被控变量有较大脉动成分时,不宜采用此法。

3. 衰减曲线法

衰减曲线法是在总结临界比例度法和其他方法的基础上,经过反复实践提出的,其特点是:直接闭合系统在纯比例作用下,以 4 : 1 或 10 : 1 的衰减曲线作为整定目的,直接求得调节器的比例度。

1）4 : 1 和 10 : 1 两条过渡过程曲线的比较

（1）4 : 1 和 10 : 1 衰减比是指过程曲线的第一个波峰幅度与第二个波峰幅度的比值,分别为 4 : 1 和 10 : 1。

（2）比较 4 : 1 和 10 : 1 两条过程曲线,10 : 1 衰减比例度较大,系统稳定性高,而 4 : 1 衰减比例度较小,调节很灵敏,因此应根据实际情况选用。

（3）T_s 为 4 : 1 衰减的第一个周期,称为振荡周期。T_s' 为 10 : 1 衰减过程被控变量变化到最大值时的时间,称为上升时间,两者含义不同,如图 4.19 和图 4.20 所示。

2）衰减曲线工程整定的方法

（1）在系统闭环情况下,将调节器的积分时间设置为最大,将微分时间设置为零,比例度适当取值(一般为 100%)。

（2）逐渐减少比例度,并且每改变一次比例度,通过改变设定值给系统施加一个阶跃干扰。观察过渡过程曲线,如果衰减比大于 4 : 1,比例度应继续减小,当衰减比小于 4 : 1 时,比例度应适当增大。直到过渡过程呈现 4 : 1(10 : 1)为止,分别如图 4.19 和图 4.20 所示。

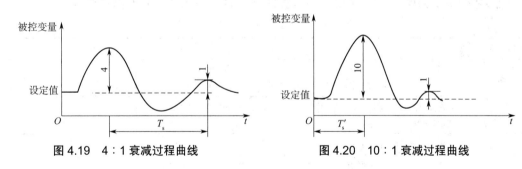

图 4.19　4 : 1 衰减过程曲线　　　　　图 4.20　10 : 1 衰减过程曲线

（3）在曲线上获取振荡周期 T_s,(10 : 1 用上升时间 T_s')和在调节器中读出比例度 δ_s,然后按表 4.3 或表 4.4 计算出调节器比例度 δ、积分时间 T_I 和微分时间 T_D。

表 4.3　4 : 1 衰减曲线法参数计算表

控制规律	调节器参数		
	$\delta(\%)$	T_I	T_D
P	δ_s	—	—
PI	$1.2\delta_s$	$0.5T_s$	—
PID	$0.8\delta_s$	$0.3T_s$	$0.1T_s$

表 4.4　10∶1 衰减曲线法参数

控制规律	调节器参数		
	$\delta(\%)$	T_{I}	T_{D}
P	δ_{s}'	—	—
PI	$1.2\delta_{\mathrm{s}}'$	$2T_{\mathrm{s}}'$	—
PID	$0.8\delta_{\mathrm{s}}'$	$1.2T_{\mathrm{s}}'$	$0.4T_{\mathrm{s}}'$

（4）将比例度放在一个较计算值略大的数值上（约大 20%），加上积分时间、微分时间，注意先比例次积分最后加微分的程序。

（5）再加一次阶跃干扰，观察调节过程。若记录曲线不理想，可再适当调整。

3）注意事项

（1）加入的设定干扰不能太大，要根据工艺操作要求来定，一般为 5% 左右（全量程），但也有特殊的情况。

（2）必须在工况稳定的情况下才能加设定干扰，要设法去除工艺中其他干扰。否则，记录曲线将是几种外界干扰同时影响的结果，不可能得到正确的 4∶1 衰减比例度和操作周期。

（3）对于快速反应的系统，如流量、管道压力等控制系统，想在记录纸上得到理想的 4∶1 曲线是不可能的，工程上常在被控变量来回波动两次达到稳定时，即近似认为是 4∶1 衰减过程。

4. 经验凑试法

经验凑试法是在长期生产实践中总结出来的一种整定方法。它是根据经验先将调节器参数放在一个数值上，直接在闭合控制系统中通过改变设定值施加干扰，在记录仪上观察过渡过程曲线，以 δ、T_{I}、T_{D} 对过渡过程的影响为指导，按照规定的顺序，对比例度 δ、积分时间 T_{I} 和微分时间 T_{D} 逐个进行整定，直到获得满意的过渡过程为止。

各类控制系统中调节器参数的经验数据已列于表 4.5 中，供整定时参考选择。

表 4.5　各类控制系统中调节器参数经验数据

被控变量	特点	$\delta(\%)$	$T_{\mathrm{I}}/\mathrm{min}$	$T_{\mathrm{D}}/\mathrm{min}$
温度	对象容量滞后较大，即参数受干扰后变化迟缓，δ 应小，T_{I} 要长，一般需要加微分控制作用	20~60	3~10	0.5~3
液位	对象时间常数范围较大，要求不高时，δ 可在一定范围内选取，一般不加微分控制作用	20~80	1~5	
压力	对象的容量滞后一般，一般不加微分控制作用	30~70	0.4~3	
流量	对象时间常数小，参数有波动，δ 要大，T_{I} 要短，不加微分控制作用	40~100	0.3~1	

表 4.5 中给出的只是一个大体范围，有时变动较大。例如，流量控制系统的 δ 值有时需在 200% 以上；有的温度控制系统，由于容量滞后大，T_{I} 往往在 15 min 以上。另外，选取 δ 值时，应注意测量部分的量程和调节阀的尺寸。如果量程范围小（相当于测量变送器的放大系数大）或调节阀尺寸选大了（相当于调节阀的放大系数大），δ 应选得适当大一些。

经验凑试法的参数整定方法有两种。

1)先用纯比例作用进行凑试,再加积分,最后引入微分

这种试凑法的程序为:先将 T_I 设置为最大, T_D 设置为零,比例度 δ 取表 4.5 中常见范围内的某一数值后,把控制系统投入自动。若过渡过程时间太长,则应减小比例度;若振荡过于剧烈,则应加大比例度,直到取得较满意的过渡过程为止。

引入积分控制作用时,需将已调好的比例度适当放大 10%~20%,然后将积分时间 T_I 由大到小不断凑试,直到获得满意的过渡过程。

微分作用最后加入,这时 δ 可放得比纯比例控制作用时更小些,积分时间 T_I 也可相应减小些。微分时间一般取(1/3~1/4)T_I,但也需不断凑试,使过渡过程最短,超调量最小。

2)先加积分和微分控制作用,再对纯比例作用进行凑试

这种凑试法的程序是:先选定某一 T_I 和 T_D, T_I 取表 4.5 中所列范围内的某个数值, T_D 取(1/3~1/4)T_I,然后对比例度 δ 进行凑试;若过渡过程不够理想,则可对 T_I 和 T_D 做适当调整。实践证明,对许多被控对象来说,要达到相近的控制质量, δ、T_I 和 T_D 的组合有很多,因此,这种凑试程序也是可行的。

对经验凑试法的几点说明如下。

(1)凡是 δ 太大,或 T_I 过大时,都会使被控变量变化缓慢,不能使系统很快地达到稳定状态。这两者的区别是:δ 过大,曲线漂移较大,变化较不规则,如图 4.21 中曲线 a 所示;T_I 过大,曲线虽然带有振荡分量,但它漂移在设定值的一边,而且逐渐靠近设定值,如图 4.21 中曲线 b 所示。

(2)凡是 δ 过小, T_I 过小或 T_D 过大时,都会使系统剧烈振荡,甚至产生等幅振荡。它们的区别是:T_I 过小,系统振荡的周期较长;T_D 太大,振荡周期较短;δ 过小,振荡周期介于上述两者之间。图 4.22 是这三种由于参数整定不当而引起系统等幅振荡的情况。

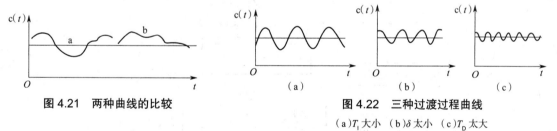

图 4.21　两种曲线的比较　　　　　　　　图 4.22　三种过渡过程曲线
　　　　　　　　　　　　　　　　　　　(a)T_I 大小　(b)δ 太小　(c)T_D 太大

(3)等幅振荡不一定都是由于参数整定不当所引起的。例如,阀门定位器、调节器或变送器调校不良,调节阀的传动部分存在间隙,往复泵出口管线的流量波动等,都表现为被控变量的等幅振荡,因此,整定参数时必须联系上面这些情况,做出正确判断。

经验凑试法的实质是:看曲线,做分析,调参数,寻最佳。经验法简单可靠,对外界干扰比较频繁的控制系统尤为合适,因此,在实际生产中得到了最广泛的应用。

任务 5　水箱液位定值控制系统实训

4.5.1　单容水箱液位定值控制系统实训

1. 实训目的

(1)了解单闭环液位控制系统的结构与组成。

（2）掌握单闭环液位控制系统调节器参数的整定。

（3）研究调节器相关参数的变化对系统动态性能的影响。

2. 实训设备

（1）THJ-3 型高级过程控制系统装置。

（2）计算机、上位机 MCGS 组态软件、RS232-485 转换器 1 个、串口线 1 根。

（3）万用表 1 只。

3. 实训原理

本实训所用的控制系统的结构图和方框图如图 4.23 所示。被控量为中水箱（也可为储水箱或下水箱）的液位高度，实训要求中水箱的液位稳定在设定值。将压力传感器 LT2 检测到的中水箱液位信号作为反馈信号，将根据实际值与设定值的差值，通过调节器控制电动调节阀的开度，以达到控制中水箱液位的目的。为了实现系统在阶跃设定和阶跃扰动作用下的无静差控制，系统的调节器应采用 PI 或 PID 控制。

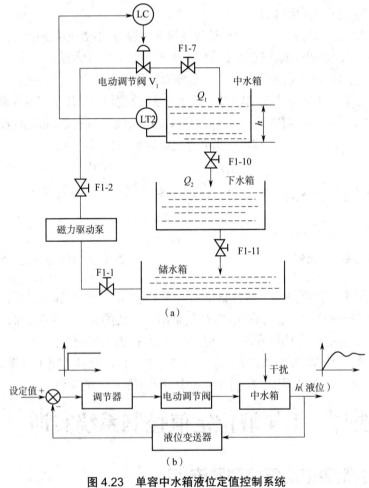

（a）

（b）

图 4.23　单容中水箱液位定值控制系统

（a）结构图　（b）方框图

4. 实训内容与步骤

本实训选择中水箱作为被控对象。实训之前先将储水箱贮足水量,然后将阀门 F1-1、F1-2、F1-7、F1-11 全开,将中水箱出水阀门 F1-10 开至适当开度,关闭其余阀门。

（1）按照结构图进行接线,如图 4.24 所示,将"LT2 中水箱液位"钮子开关拨到"ON"位置。

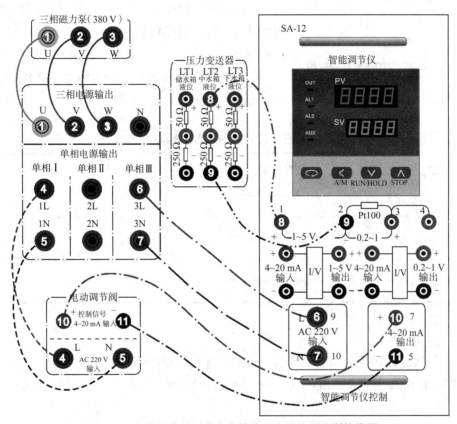

图 4.24　智能仪表控制单容水箱液位定值控制实训接线图

（2）接通总电源空气开关和钥匙开关,按下启动按钮,合上单相Ⅰ、单相Ⅲ空气开关,给智能仪表及电动调节阀上电。

（3）启动 MCGS 软件,并进入相应实训界面。

（4）在上位机监控界面中点击"启动仪表"。将智能调节仪设置为手动(M),并将设定值和输出值设置为一个合适的值,此操作可通过智能调节仪实现。

（5）合上三相电源空气开关,给磁力驱动泵上电,开始注水;适当增加/减少智能调节仪的输出量,使中水箱的液位平衡于设定值。

（6）选用单闭环控制系统中所述的某种调节器参数整定方法整定调节器的相关参数 δ、T_{I}。

（7）待液位稳定于设定值后,将调节器切换到自动(A)控制状态,待液位平衡后,通过突增(或突减)仪表设定值的大小,使其有一个正(或负)阶跃增量的变化加以干扰。

　　此干扰要求扰动量为控制量的 5%~15%，干扰过大可能造成水箱中水溢出或系统不稳定。加入干扰后，中水箱的液位便离开原平衡状态，经过一段时间的调节后，中水箱液位稳定至新的设定值（采用后面三种干扰方法仍稳定在原设定值），记录此时智能调节仪的设定值、输出值和仪表参数，液位的响应过程曲线如图 4.25 所示。

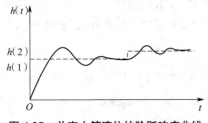

图 4.25　单容水箱液位的阶跃响应曲线

　　（8）分别适量改变智能调节仪的比例和积分参数，重复步骤（7），用计算机记录不同参数时系统的阶跃响应曲线。

　　（9）分别用 P、PI、PID 三种控制规律重复步骤（4）至步骤（8），用计算机记录不同控制规律下系统的阶跃响应曲线，填入表 4.6。

表 4.6　进行参数整定，确定调节器的相关参数

参数调整次数	参数	参数值	曲线图
1	δ		
	T_1		
2	δ		
	T_1		
3	δ		
	T_1		

5. 注意事项

　　（1）实训线路接好后，必须经教师检查认可后才能接通电源。

　　（2）要"看曲线，调参数"，若参数设置不当，会导致系统失控，不能得到满意的过渡过程曲线。

6. 参数设置

　　智能调节仪采用上海万迅仪表有限公司的 AI-808。

　　设定值：$S_v = 10$ cm。

　　比例度：$\delta = 10$~30（参考值）。

　　积分时间：$T_1 = 10$~30 s（参考值）。

　　微分时间：$T_D = 0$（参考值）。

　　输入规格：$S_n = 33$（1~5 V 电压输入）。

　　系统功能选择：CF = 0（反作用调节、内给定等）。

　　控制方式：Ctrl = 1（采用人工智能（AI）调节/PID 调节）。

　　小数点位置：Dip = 1（小数点在十位）。

　　输入上限显示：dIH = 50。

　　输入下限显示：dIL = 0。

输出方式:OP1 = 4(4~20 mA 线性电流输出)。

参数修改级别:Loc = 808(Loc 设置为 808 时,可设置全部参数)。

具体请阅读智能调节仪使用手册。

注:若采用自整定则将 Ctrl 设置为 2,中水箱出水阀开度设置为 70%。

7. 实训报告

(1)完成常规实训报告。

(2)总结单闭环参数整定方法。

8. 思考题

改变比例度 δ 和积分时间 T_1 对系统的性能产生什么影响?

4.5.2　锅炉夹套水温定值控制系统实训

1. 实训目的

(1)了解不同单闭环温度控制系统的组成与工作原理。

(2)分别研究 P、PI、PD 和 PID 四种调节器对温度系统的控制作用。

(3)了解 PID 参数自整定的方法及参数整定在整个系统中的重要性。

2. 实训设备

同 4.5.1 节。

3. 实训原理

控制系统的结构图和方框图如图 4.26 所示。其中锅炉内胆中为动态循环水,磁力驱动泵、电动调节阀、锅炉内胆组成循环供水系统。而控制参数为锅炉夹套的水温,即要求锅炉夹套的水温等于设定值。实训前,先通过变频器-磁力驱动泵动力支路给锅炉内胆和锅炉夹套注满水,然后关闭锅炉内胆和夹套的进水阀。待实训系统投入运行以后,再打开锅炉内胆的进水阀,允许变频器-磁力驱动泵以固定的小流量使锅炉内胆中的水处于循环状态。在锅炉夹套水温的控制过程中,由于锅炉内胆中有循环水,因此锅炉内胆与锅炉夹套的热交换相比于内胆静态水温控制时更充分,因而控制速度有较大改善。系统采用的调节器为工业上常用的智能调节仪。

4. 实训内容与步骤

(1)按照结构图进行接线,如图 4.27 所示。

(2)接通总电源和相关仪表的电源。

(3)打开阀 F2-1、F2-6、F1-12 和 F1-13,关闭其他与实训无关的阀,用变频器-磁力驱动泵支路给锅炉内胆和夹套注满水,然后关闭阀 F1-12,待实训系统投入运行后,再使变频器-磁力驱动泵以固定的小流量使锅炉内胆中的水处于循环状态。

(4)调节调节器的比例度,使系统的输出响应出现 4∶1 的衰减度,记下此时的比例度 δ_s 和周期 T_s。据此,按经验表查得 PI 的参数对调节器进行参数整定。

(5)设置好温度的设定值,先手动操作调节器的输出,通过三相移相调压模块给锅炉内胆加热,等锅炉水温趋于设定值且不变后,把调节器由手动(M)切换为自动(A),使系统进入自动运行状态。

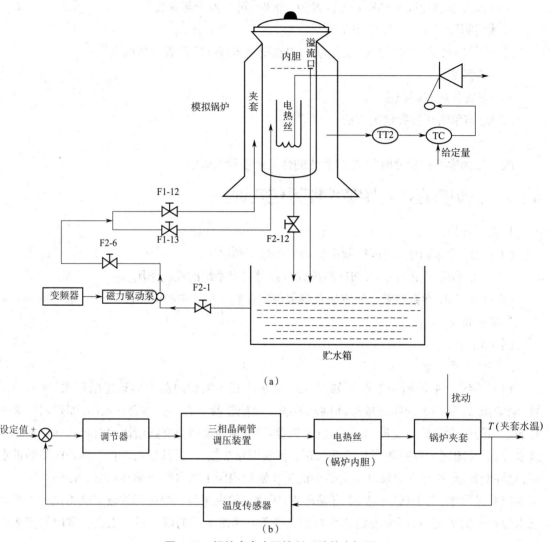

（a）

（b）

图 4.26　锅炉夹套水温控制系统的方框图

（a）结构图　（b）方框图

（6）打开计算机，运行 MCGS 组态软件，并进行如下的实训：当系统稳定运行后，施加阶跃扰动（将给定量增加 5%~15%），观察并记录系统的输出响应曲线。

（7）通过反复多次调节 PI 参数，使系统具有较满意的动态性能指标。用计算机记录此时系统的动态响应曲线，填入表 4.7。

5. 参数设置

智能调节仪采用上海万迅仪表有限公司的 AI-808。

设定值：$S_v = 40$ ℃。

比例度：$\delta = 30\sim50$（参考值）。

积分时间：$T_I = 10\sim30$ s（参考值）。

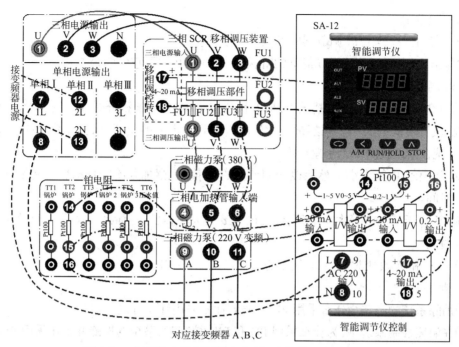

图 4.27 智能仪表控制锅炉夹套水温定值控制实训接线图

表 4.7 进行参数整定,确定调节器的相关参数

参数调整次数	参数	参数值	曲线图
1	δ		
	T_{I}		
2	δ		
	T_{I}		
3	δ		
	T_{I}		

微分时间:$T_{\mathrm{D}}=0$(参考值)。

输入规格:$S_{\mathrm{n}}=21$(Pt100 热电阻)。

系统功能选择:CF=0(反作用调节、内给定等)。

控制方式:Ctrl = 1(采用人工智能(AI)调节 /PID 调节)。

小数点位置:Dip = 1(小数点在十位)。

输入上限显示:dIH = 100。

输入下限显示:dIL = 0。

输出方式:OP1 = 4(4~20 mA 线性电流输出)。

参数修改级别:Loc = 808(Loc 设置为 808 时,可设置全部参数)。

具体阅读智能调节仪的使用手册。

6.实训报告

（1）用实训方法整定 PI 调节器的参数。

（2）作出比例控制时，不同 δ 值下的阶跃响应曲线，并记下它们的余差 e。

（3）PI 调节器的控制。

① 在比例调节控制实训的基础上，加上积分控制作用，即把积分时间设置为参数，根据不同的情况，设置不同的大小。观察被控制量能否回到设定值的位置，以验证系统在 PI 调节器控制下，系统在阶跃扰动下无余差产生。

② 固定 δ 值（中等大小），然后改变调节器的 T_I 值，观察加入阶跃扰动后被调量的输出波形和响应时间。

③ 固定 T_I 于某一中等大小的值，然后改变 δ 的大小，观察加阶跃扰动后被调量的动态波形和响应时间。

④ 分析 δ 和 T_I 改变时，各对系统动态性能产生什么影响。

7.思考题

（1）消除系统的余差为什么采用 PI 调节器，而不采用纯积分调节器？

（2）在温度控制系统中，为什么采用 PD 和 PID 控制时，系统的性能并不比采用 PI 控制时有明显改善？

（3）如果锅炉内胆中不采用循环水，那么锅炉夹套的温度控制效果会怎样？

项目 5　复杂控制系统

学习目标

(1)掌握串级控制系统的结构及工作原理。

(2)掌握比值控制系统的结构及工作原理。

(3)了解控制系统的实际应用。

任务 1　串级控制系统

串级控制系统是所有复杂控制系统中应用最多的一种,当要求被控变量的误差范围很小,而简单控制系统不能满足要求时,可考虑采用串级控制系统。

扫一扫:PPT 5.1
复杂控制系统之
串级控制系统

5.1.1　串级控制系统的构成

串级控制系统的特点是两个调节器串接,主调节器的输出作为副调节器的输入,适用于

扫一扫:视频 5.1
串级控制系统

时间常数及纯滞后较大的被控对象。为了充分认识串级控制系统的结构,下面先看一个实际应用的例子。

管式加热炉是原油加热或重油裂解的重要装置之一。在生产中,为延长加热炉的使用寿命,保证下一道工序(精馏分离)的质量,炉出口温度的稳定十分重要。工艺上要求炉出口温度变化范围为 ±(1~2)℃。管式加热炉内有很长的受热管道,热负荷很大。如采用简单控制系统,由于调节通道时间常数较大,约为 15 min,反应缓慢,无法达到较高的控制精度,因此迫切需要解决容量滞后问题。

观察发现,使出口温度波动的主要干扰出现之后,从炉膛温度首先反映出来的时间常数比从炉出口温度反映出来的时间常数大为减少,约为 3 min,那么将炉膛温度作为被控变量组成单闭环控制系统是必要的。一般情况下炉膛温度恒定,出口温度也较稳定,但由于炉膛温度并不能真正代表炉出口温度,有时即使炉膛温度控制好了,炉出口温度也不一定能满足工艺要求。于是根据炉膛温度的变化,预先大幅度控制燃料量,然后再根据炉出口温度与设定值之差,小幅度控制燃料量,使炉出口温度恒定。模拟这样的操作就构成了以炉出口温度为被控变量的温度调节器与炉膛温度调节器串联在一起的串级控制系统,如图 5.1 和图 5.2 所示。

在这个串级控制系统中,炉膛温度调节回路起到了温度预调作用,是"粗调",而炉出口温度调节器完成"细调"任务,以保证被控变量满足工艺要求。

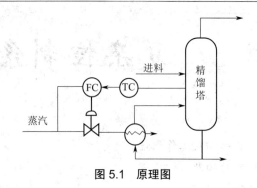

图 5.1　原理图

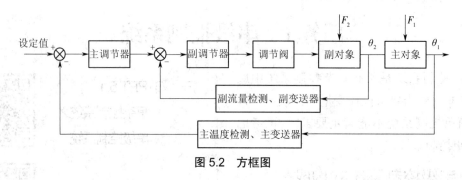

图 5.2　方框图

由图 5.2 可以看出,主调节器的输出即副调节器的给定,而副调节器的输出直接送到调节阀以改变操纵变量,从系统的结构来看,这两个调节器是串联工作的,这样的系统就是串级控制系统。

熟悉航天的同学就会知道航天对接技术的特点就跟搭积木一样,将复杂的控制系统分解成若干简单控制系统。我国的这项技术水平可比肩美俄。目前我国的天宫空间站有三个对接口,分别为水平方向的前向、后向两个和垂直方向的一个,垂直方向也就是径向。横向对接要求飞船跟空间站在一样的轨道高度上,走走停停等着空间站,而径向对接要复杂得多。

首先飞船要飞到空间站的下面,然后和空间站保持相对静止的运动状态,最后调整姿态,旋转 90°向上和空间站对接,并且对接是全自动的。

要知道神舟十三号飞船的发射重量超过 8 t,并且速度非常快,每次飞船轨道高度有些许变化,速度都要做出相应调整,同时还要进行俯仰姿态跟滚动姿态调整,最终以直立状态完成对接,如图 5.3 所示。

图 5.3　神舟十三号飞船空间对接

匠心,就是在重复的岁月里对得起每一寸光阴,培养匠心精神,一步一光阴,一步一脚印,就像我们的航天人,在航天事业中继往开来,从我国第一颗人造地球卫星"东方红一号"到现在的"神舟十三号飞船",匠心精神让航天人不断前进。作为当代大学生应该向航天人学习,将匠心精神融入日常学习与实践。

串级控制系统有两个回路:主回路和副回路,亦称主环和副环、外环和内环。主回路以保持被控变量值恒定为目的,主调节器的设定值由工艺规定,是一个定值,因此,主回路是一个定值控制系统。而副调节器的设定值由主调节器的输出提供,随主调节器输出的变化而变化,因此,副回路是一个随动系统。为便于分析串级控制系统的工作过程,先来解释一下与串级控制系统相关的专用名词。

1. 主回路中的专用名词

(1)主变量,也称主被控变量,是生产过程中的重要工艺控制指标,是在串级控制系统中起主导作用的被控变量,如上例中的炉出口温度 θ_1。

(2)主变送器,即串级控制系统中检测主变量的变送器。

(3)主对象,生产过程中含有主变量的被控制的工艺生产设备,如上例中从调节阀到炉出口温度检测点间的所有工艺管道和工艺生产设备。

(4)主调节器,接收主变送器送来的主变量信号,与由工艺指标决定的设定值进行比较,其作为设定值输出送给另一个调节器。因为这个调节器在串级控制系统中起主导作用,所以叫主调节器。

(5)主回路,是由主测量变送器,主、副调节器,调节阀(控制阀)和主、副对象所构成的外回路,亦称外环或主环。

(6)一次干扰,作用在主回路上且不包括在副回路范围内的扰动。

2. 副回路中的专用名词

(1)副变量,也称副被控变量,是串级控制系统中为了稳定主变量或因某种需要而引入的辅助变量,如上例中的炉膛温度 θ_2。

（2）副变送器，即串级控制系统中检测副变量的变送器。

（3）副对象，生产过程中含有副变量的被控制的工艺生产设备，如上例中调节阀至炉膛温度检测点间的工艺生产设备。由上可知，在串级控制系统中，被控对象分为两部分——主对象与副对象，具体怎样划分，与主变量和副变量的选择有关。

（4）副调节器，接收副变送器送来的副变量信号，与由主调节器输出决定的设定值进行比较，其输出直接操纵调节阀。

（5）副回路，是由副测量变送器，副调节器，调节阀和副对象所构成的回路，亦称内环或副环。

（6）二次干扰，作用在副被控过程上，即副回路范围内的扰动。

串级控制系统典型形式的方块图如图 5.4 所示。

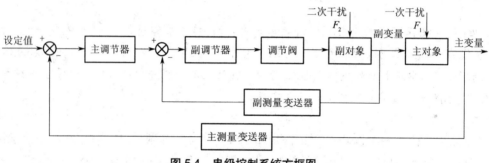

图 5.4　串级控制系统方框图

5.1.2　串级控制系统的控制过程

串级控制系统由于具有主、副两个控制回路，每个回路都具有一定的克服干扰的能力，因此，控制质量较简单系统明显提高。仍以管式加热炉为例，假定调节阀采用气开型，断汽时关闭调节阀，以防止炉管烧坏而发生事故。主、副调节器 TC、FC 都采用反作用方向。下面针对干扰从副回路进入系统、干扰从主回路进入系统、干扰从主回路和副回路同时进入系统三种情况分析串级控制系统的工作过程。

1. 干扰从副回路进入系统

副变量炉膛温度在燃料油压力、炉膛抽力波动使燃烧状况发生变化时，会迅速做出反应，副调节器便立即进行调节。对于幅度小的干扰，经过副回路的及时调节，一般影响不会使炉出口温度发生变化；当干扰很大时，在副回路快速调节下干扰幅值大大减小，尽管还会影响到主变量炉出口温度，但当主调节器投入工作后，很快便可以克服干扰。

2. 干扰从主回路进入系统

假如燃料油压力正常，炉膛温度稳定，若原油流量变化，致使炉出口温度偏离设定值，此时主调节器立即工作，输出相应变化，通过改变副调节器的设定值使副调节器投入克服干扰的过程。副调节器根据变化的设定值与炉膛温度的偏差发出相应的输出信号，改变调节阀的开度，从而使炉出口温度尽快回到设定值上。在这个过程中，副回路没有先投入克服干扰的过程，而是在接收到主调节器的信号后才进行调节的。但因为副回路改善了对象的特性,缩短了调节通道,从而加快了调节作用,比单纯在主调节器的作用下,克服干扰快,过渡过程短,使主变量炉出口温度能及时稳定在设定值上。

3.干扰从主回路和副回路同时进入系统

根据干扰作用使主、副变量发生变化的方向不同,可以分为以下列两种情况。

第一种情况:在干扰作用下,主、副变量同方向变化,即同增或同减。

如果一些干扰使副变量炉膛温度升高,副调节器的测量值增加,同时一些干扰使主变量炉出口温度上升,那么通过主调节器输出给副调节器的设定值将减小,这样便加大了副调节器的输入偏差,副调节器的输出将有一个较大幅度的变化,以迅速改变调节阀的开度,使燃料油量大幅度减小,这样就能尽快阻止炉膛温度和炉出口温度的上升趋势,而使它们向设定值靠拢。

相反,在某些干扰作用下,主、副变量都降低,同样通过副调节器的作用,可使调节阀有个较大的动作,使燃料油量大量增加,迅速改变燃烧状况,使炉膛温度和炉出口温度及时回到设定值上。

总之,在干扰使主、副变量同方向变化时,以上方式的调节作用大,克服干扰能力强,体现了串级控制系统的优点。

第二种情况:在干扰作用下,主、副变量反方向变化,即一个增另一个减。

假如在干扰作用下,主、副变量中一个增,另一个减,对于副调节器来说,其设定值与测量值将同方向变化,其偏差将大大减小,调节阀的开度只要有一个较小变化,就能将主变量稳定在设定值上。例如燃料油压力增加,炉膛温度升高,原油流量增加,炉出口温度降低;从炉膛温度和炉出口温度的关系来看,炉膛温度的上升将导致炉出口温度的上升。相当于有一个预调作用得以互相补偿,反映在串级控制系统中,副调节器的偏差自动减小,调节阀开度变化很小,就能克服干扰,使系统达到新的稳定状态,这又体现了串级控制系统的优点。

总之,在干扰作用下,当主、副变量同方向变化时,副调节器所感受的偏差为主、副变量二者作用之和,偏差就较大;当主、副变量反方向变化时,副调节器所感受的偏差为主、副变量二者作用之差,偏差将较小。不管偏差增大还是减小,其结果都是加快调节过程,缩短过渡过程,减小动偏差,提高调节品质,使主变量快速稳定在设定值上。

串级控制系统从主回路上看,是一个闭环负反馈系统;从副回路上看,是主回路内的一个负反馈系统。两个调节器串联在一起,无论干扰由什么地方进入系统,都具有良好的可控性。干扰未使主调节器发生调节作用前,就被副调节器以“先调”“快调”“粗调”所克服。剩余的干扰作用,再由主调节器以“慢调”“细调”来克服。在串级控制系统中,由于引入了一个副回路,既能及早克服进入副回路的干扰对主变量的影响,又能保证主变量在其他干扰作用下及时加以调节,因此能大大提高系统的控制质量,满足生产的要求。

5.1.3　串级控制系统的特点及应用场合

1.串级控制系统的特点

从总体上看,串级控制系统仍是定值控制系统,因此,主被控变量在扰动作用下的过渡过程和单闭环定值控制系统的过渡过程具有相同的品质指标和类似的形式。但是，串级控制系统在结构上增加了一个随动的副回路，因此，与单闭环控制系统相比有以下几个特点。

1）串级控制系统对进入副回路的扰动具有较强的克服能力

串级控制系统的抗干扰能力比单闭环控制系统要强，特别是在干扰作用于副回路的情况下，系统的抗干扰能力会更强。

这是因为当干扰作用于副回路时，在它还没有影响主变量之前，副调节器首先对干扰采取抑制措施，进行"粗调"，合适与否最后视主变量是否受到影响来判断，如果主变量仍然受到影响（不过这种影响比没有副调节器采取抑制措施时要小得多），那么将再由主调节器进行"细调"。由于这里对副回路干扰有两级控制措施，显然控制质量要比单闭环控制系统的控制质量好。即使干扰作用于主回路，由于副回路的存在，使等效副对象的时间常数缩小了，系统的工作频率得以提高，能比单闭环系统更为及时地对干扰采取抑制措施，因而控制质量也会比单闭环控制系统高。

由于副回路的存在，明显改善了对象的特性，提高了系统的工作频率，在主、副对象特性一定时，副调节器放大倍数整定越大，串级控制系统工作频率的提高越明显。当副调节器放大倍数不变时，随着主调节器时间常数 T_{01} 与副调节器时间常数 T_{02} 比值 T_{01}/T_{02} 的增大，串级控制系统的工作频率提高。

与单闭环控制系统相比，在相同衰减比的条件下，串级控制系统的工作频率要高。系统的工作频率提高，操作周期就可以缩短，过渡过程相对也将缩短，因而控制质量可以得到改善。

2）串级控制系统具有一定的自适应能力

在单闭环控制系统中，调节器参数是根据具体的对象特性整定得到的。一定的调节器参数只能适应一定的对象特性，如果生产过程负荷有变化，而负荷的改变又会影响到对象特性使其发生变化时，原先整定的调节器参数就不再适合了。这时，如不及时修改调节器参数，控制质量就会降低，这是单闭环控制系统难以克服的矛盾。

当采用串级控制系统时，主回路是一个定值系统，而副回路却是一个随动系统。主调节器能够根据操作条件和负荷的变化（从主变量变化中体现出来），不断修改副调节器的设定值，以适应操作条件和负荷变化的情况。从这个意义上说，串级控制系统具有一定的自适应性。

2. 串级控制系统的应用场合

串级控制系统与单闭环控制系统相比有许多优点，但所需仪表较多，系统投运整定较麻烦，这是它的缺点。因此必须坚持一个原则：能用简单控制系统解决问题时，就不要用复杂控制系统。串级控制系统也并不是到处都适用，在有些场合应用效果显著，而在另一些场合应用效果并不显著，其主要应用于以下场合。

1）对象的容量滞后较大

容量滞后较大的对象，在使用单闭环控制系统导致过渡过程长、最大偏差大、调节质量不能满足要求时，可以采用串级控制系统。

通过串级控制系统的特点分析表明，当对象容量滞后较大时，可以选择一个辅助变量组成副回路，使对象的等效时间常数缩小，借以提高系统的工作频率，可以获得较好的调节质量。

许多以温度或质量指标为被控变量的对象,其容量滞后往往比较大,而生产上对这些参数的调节质量要求又比较高。因此将串级控制系统应用于这些对象有较大的现实意义,故在实际生产中应用较多,例如管式加热炉的炉出口温度对炉膛温度或对燃料油压力的串级控制系统。

2)调节对象的纯滞后比较长

微分作用不能用来克服调节对象的纯滞后,而串级控制系统可以在离调节阀较近、纯滞后较小的地方,选择一个辅助变量作为副变量,组成串级副回路。当干扰落在副回路时,在其通过纯滞后较大的主对象去影响主变量前,会先影响副变量,由副回路加以克服。由于副回路调节通道短、纯滞后小,调节及时,就可以大大减小主变量的波动。应该指出,当干扰落在主回路时,该串级控制系统对克服纯滞后的优越性就不大了。因为这种干扰并不直接影响副变量,必须经过纯滞后较大的主对象才能反映出来,而且调节作用仍需经过纯滞后较大的主对象影响主变量,对改善调节品质作用不大。

3)系统内存在激烈且幅值较大的干扰作用

当系统内存在激烈且幅值较大的干扰作用时,为了提高系统的抗干扰能力,可以采用串级控制系统。

串级控制系统的主要特点是副回路对进入其中的干扰具有较强的抑制能力。因此只要把这种大幅度、激烈的干扰包括到副回路内,并且把副调节器的比例度整定得较小,从而使系统的抗干扰能力大为提高,通常可以把这类干扰对主变量的影响减小到最低限度。

4)调节对象具有较大的非线性特性而且负荷变化较大

一般工业对象的静态特性都有一定的非线性,负荷的变化会引起工作点的移动,导致静态放大倍数的变化。当然这种特性的变化,可以用调节阀的特性来补偿,使系统的放大倍数在整个操作范围内保持不变,然而这种补偿的局限性很大。而串级控制系统具有一定自适应能力,当负荷变化而引起对象工作点变化时,主调节器的输出会重新调整副调节器的设定值,继而由副调节器的调节作用来改变调节阀的位置,这样虽然副回路的衰减比变化了,但它的变化对整个系统稳定性的影响是很小的。

5.1.4　串级控制系统的设计

1. 串级控制系统主、副被控变量的选择

串级控制系统主、副回路的选择实质上是主、副变量的选择。主变量应是表征生产过程的重要指标,它的选择可以完全套用简单控制系统被控变量的选择原则,尤其串级控制系统可以克服对象动态特性较差的缺陷,因此,作为表征生产过程的质量指标,成分参数可以优先选用。简单控制系统被控变量的选择原则此前已详细叙述,下面主要讨论有关副变量的选择问题。

副变量选择得是否得当,是能否体现串级控制系统优点的关键,副变量一旦确定,副回路也就随之确定。

副变量选择的一般原则如下。

(1)使系统的主要干扰包含在副回路内。主要干扰是指那些变化幅度大、最频繁、最剧烈

的干扰。由于串级控制系统的副回路具有动作速度快、抗干扰能力强的特点,如果在设计中使对主变量影响最严重、变化最剧烈、最频繁的干扰包含在内,就可以充分利用副回路快速抗干扰的性能,将干扰的影响抑制在最低限度,这样,干扰对主变量的影响就会大大减小,从而使控制质量获得提高。

(2)在可能的情况下,应使副回路包含更多一些干扰。在某些情况下,系统的干扰较多而难于分出主要干扰时,应考虑使副回路能尽量多包含一些干扰,这样可以充分发挥副回路的快速抗干扰功能,以提高串级控制系统的质量。

副回路包括并克服的干扰多,能使主变量稳定,这是有利的一面;但随着副回路包含的干扰增多,必然使调节通道加长,滞后时间增加,时间常数加大,从而使副回路克服干扰的灵敏度降低,抑制干扰的能力减弱,副回路所起的超前作用就不明显了。另外,副变量离主变量比较近,干扰一旦影响到副变量,很快就会影响到主变量,这样副回路的作用也就不大了。尤其是当副回路时间常数和主回路时间常数比较接近时,容易产生主、副回路的"共振效应"。

总之,由副变量决定的副回路究竟应包括多少干扰,应视对象的具体情况做具体分析,权衡选择不同副变量的利弊后,做出较好的选择。

(3)当对象具有非线性环节时,在设计时应使非线性环节处于副回路之中。串级控制系统具有一定的自适应能力,当操作条件或负荷变化时,主调节器可以适当地修改副调节器的设定值,使副回路在一个新的工作点上运行,以适应变化后的情况。当非线性环节包含在副回路之中时,负荷的变化所引起的对象非线性影响就会被副回路本身所克服,因而它对主回路的影响就很小了。

(4)当对象具有较大纯滞后时,应使所设计的副回路尽量少地包括或不包括纯滞后。这样做的原因是尽量将纯滞后部分放到主对象中去,以提高副回路的快速抗干扰功能,及时对干扰采取控制措施,将干扰的影响抑制在最小限度内,从而提高主变量的控制质量。

不过利用串级控制克服纯滞后的方法有很大局限性,即只有当纯滞后环节能够大部分乃至全部都可以划入主对象中去时,这种方法才能有效地提高系统的控制质量,否则将不会获得很好的效果。

(5)选择副变量,应使主、副对象的时间常数相匹配,防止"共振效应"出现。主、副对象时间常数的适当匹配,是串级控制系统正常运行的条件,也是保证生产安全,防止"共振效应"的根本措施。

在一般的串级控制系统中,主、副对象的时间常数之比 $T_{01}/T_{02} = 3{\sim}10$ 为好,主、副回路恰能发挥其优越性,确保系统高质量的运行。

若副回路的时间常数太小,致使主、副对象的时间常数之比大于10,这相当于副回路包含的干扰因素少,不能发挥优越性,而且由于副回路自身不稳定会使系统的稳定性受到破坏,甚至影响系统的正常运行。

更要注意另一种不适当的做法,为了让副回路包括更多的干扰,结果使得主、副对象的时间常数十分接近,两者的比值小于3。此时,尽管副回路有克服干扰,改善对象特性的作用,但由于副回路的滞后加大,时间常数增加,反应不灵敏,对进入副回路的干扰不能被及时克服,会使主变量发生较大的波动,串级控制系统的优越性难以发挥。当副对象的时间常数接近主对象的时间常数而在系统中占主导地位时,由于主、副对象之间的动态联系十分紧密,在干扰作用下,无论主、副变量哪个先振荡,必将引起另一个变量也振荡。这样,主、副变量的振荡互相促进,使主、副变量由小而大地波动,这就是串级控制系统的"共振效应",会严重威胁生产安全,必须尽力避免。

（6）选择副变量时应考虑工艺的合理性及实现的经济性。在选择副回路时必须考虑副变量的设定值变动在工艺上是否合适,如果是工艺上不允许的,应尽量避免,否则组成的串级控制系统实际使用时会不理想。

在选择副回路时若存在不止一个可供选择的变量,可以根据主变量调节品质的要求及经济性等原则来决定取舍。

2. 串级控制系统主、副调节器的选择

串级控制系统主、副调节器的选择包括主、副调节器调节规律的选择和主、副调节器正、反作用的选择两个方面。

1）主、副调节器调节规律的选择

串级控制系统一般用来高精度地控制主变量。主调节器主要起定值控制作用,而副调节器主要起随动跟踪作用,使副变量快速地作用,跟上主调节器输出的变化。一般主变量在控制过程结束时不应有余差,因而,主调节器一般采用比例积分控制规律来实现主变量的无余差控制。副变量为了保证主变量这个总的目的,允许在一定的范围内波动,以此来保证主变量的控制质量,因而一般采用比例控制规律,如果引入积分控制作用,不仅难于保持副变量为无余差控制,而且还会影响副回路的快速作用。另外,一般副调节器不加微分控制作用,否则主调节器稍有变化,调节阀将大幅度变化,对调节不利。只有当副对象容量滞后较大时,可适当加一点微分控制作用。

2）主、副调节器正、反作用的选择

调节器有正、反两种作用方式,通过选择主、副调节器正、反作用,使串级控制系统的主回路和副回路均构成闭环负反馈系统。若调节器正、反作用选错了,系统投入运行会造成事故。

选择调节器作用方式是以系统静特性为依据,以构成负反馈系统为目的的,并用"乘积为负"的判别式决定调节器的正、反作用。

为使用该判别式,需先做如下假设。

调节阀:气开式取"+",气闭式"−"。

调节器:正作用取"+",反作用取"−"。

被控对象:调节阀开大时,若被控变量增加取"+",反之为"−"。

变送器一般都为"+"环节,可不参加判别。

调节器的正、反作用判别式如下。

副调节器:

$$（副调节器 ±）（调节阀 ±）（副对象 ±）= −$$

主调节器:

（主调节器 ± ）（副回路 + ）（主对象 ± ）= -

其中,可将副回路视为一个放大倍数为"+"的环节,因为副回路是一个随动系统,对它的要求是:副变量要能快捷地跟踪设定值(即随主调节器输出的变化而变化),因此,整个副回路可视为一个放大倍数为"+"的环节。

主调节器的正、反作用实际上只取决于主对象放大倍数的符号。当主对象放大倍数符号为"+"时,主调节器应选反作用;反之,当主对象放大倍数符号为"-"时,主调节器应选正作用。

【例 5.1 】 确定图 5.5 所示加热炉的炉出口温度与燃料油压力串级控制系统主、副调节器的正、反作用。

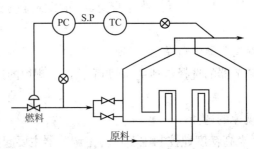

图 5.5 炉出口温度与燃料油压力串级控制系统

（1）副回路。根据安全要求,为了在汽源中断时,停止供给燃料油,以防烧坏炉子,那么调节阀应该选气开阀,其放大倍数符号为 +。副对象是压力对象,当阀门开大时,压力将上升,副对象放大倍数符号为 +,副变送器放大倍数符号为 +。为了使副回路构成一个负反馈系统,副调节器应选择反作用方向。

（2）主回路。主调节器的正、反作用只取决于主对象放大倍数符号。主对象的输入信号为燃料压力(即副变量),输出信号为炉出口温度(即主变量),当燃料压力增大时,燃料量增加,提供的热量增大,炉出口温度会上升,因此,主对象放大倍数符号为 +。主调节器放大倍数符号应取主对象放大倍数符号的反号,因此主调节器应选反作用。

5.1.5 串级控制系统的投运及参数整定

1. 串级控制系统的投运

当串级控制系统方案确定以后,由工艺条件和操作指标选择实施方案的仪表后,可以设计串级控制系统的接线。下面以常见的用 DDZ-Ⅲ 型单元组合仪表组成的温度和流量的串级控制系统为例进行说明。精馏塔塔釜温度-流量控制方案如图 5.6 所示,该控制系统的信号连接示意如图 5.7 所示。

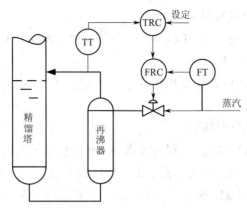

图 5.6　精馏塔塔釜温度-流量串级控制系统

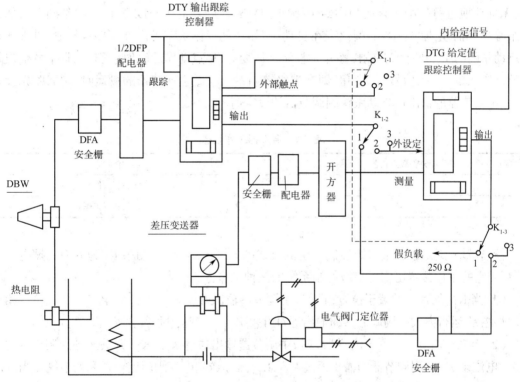

图 5.7　精馏塔塔釜温度-流量串级控制系统信号连接示意

当组成本质安全型控制系统时,采用下述仪表。

（1）铂热电阻,分度号为 Pt100,测温范围为 50~100 ℃。

（2）电阻温度变送器型号为 DBW4240/B(ib),分度号为 Pt100,测温范围为 50~100 ℃（应和一次元件相配套）,现场安装式。

（3）温度记录仪采用双笔记录仪 FH-9900,输入为 DC 1~5 V,温度标尺为 50~100 ℃,流量标尺根据流量数据确定。

（4）主调节器采用温度调节器 DTY-2100S,PID 控制规律,反作用,内给定。

（5）标准孔板由蒸汽流量数据而定。

（6）电容式差压变送器型号为 CECC-×××，差压值和孔板数据相配套。

（7）电动开方器型号为 DJK-1000。

（8）副调节器型号为 DTG-2100S，P 或者 PI 控制规律，外设定，反作用。

（9）电气阀门定位器。

（10）气动薄膜调节阀，气开阀。

（11）配电器型号为 DFP-2100 等，组成本质安全型防爆系统需加输入、输出安全栅。

主调节器采用 DTY-2100S、副调节器采用 DTG-2100S，能更方便地组成串级控制系统，并进行无扰动切换操作。DTG-2100S 型调节器是设定值跟踪指示调节器，为 DTZ-2100S 全刻度指示调节器的变型产品，附加一个全电子跟踪板，实现在仪表外给定工作时，调节器的内设定值能自动跟踪外设定值，用于需要经常进行外→内设定切换的场合。使用该仪表后，可无平衡、无扰动地进行外给定转换为内给定操作。DTY 型仪表是在 DTZ 型仪表的基础上附加输出跟踪单元而组成的。DTY 型仪表在自动位置时，其工作状态可由外部接点控制，见表 5.1。接点动作前（即断开时），其输出按正常控制规律变化；接点动作后（即接通时），调节器输出跟踪外部输入的"跟踪信号"的变化，即在串级控制系统中做主调节器的投运时，副回路先投入自动，主调节器的输出可自动跟踪副调节器的设定值。

表 5.1　调节器工作状态

外部接点状态	调节器工作状态
断开	正常状态下工作
接通	输出跟踪状态下工作

精馏塔塔釜温度-流量串级控制系统的接线图如图 5.8 所示。图中 K_1 为五刀三掷电气开关，利用它的不同位置可实现串级控制系统的三种工作方式。

（1）当 K_{1-x} 切换开关置于位置"1"时，主调节器输出通过 K_{1-2}、K_{1-3} 和电气阀门定位器相连实现"主控"运行方式。副调节器的输出通过开关 K_{1-4}、K_{1-5} 送到假负载 R。

（2）当 K_{1-x} 切换开关置于位置"2"时，主调节器输出通过 K_{1-2}、K_{1-3} 开关送到副调节器的外设定（电流设定）。副调节器的输出经过开关 K_{1-4}、K_{1-5} 送到电气阀门定位器和调节阀。当副调节器内外设定开关置"内"设定时，系统为副回路控制运行方式。

（3）当副调节器内外设定开关置"外"设定时，系统为串级控制系统运行方式。此时，主调节器输出作为副调节器外设定，副调节器输出信号调节阀的开关。

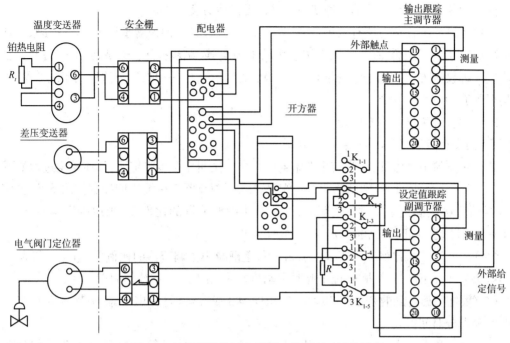

图 5.8　精馏塔塔釜温度-流量串级控制系统接线图

2. 串级控制系统的投运及参数整定

串级控制系统的投运与参数整定的意义同简单控制系统一样,要求保证投运过程做到无扰动切换,参数整定则要求寻找最佳主、副调节器的参数值。由于串级控制系统存在一个副回路,所以在投运与参数整定过程中比简单控制系统要复杂些。

1)串级控制系统的投运

串级控制系统由于使用的仪表和接线方式各不相同,投运的方法也不完全相同。目前采用较为普遍的投运方法,是先把副调节器投入自动,然后在整个系统比较稳定的情况下,再把主调节器投入自动,实现串级控制。这是因为在一般情况下,系统的主要扰动包含在副回路内,而且副回路反应较快,滞后小,如果副回路先投入自动,把副变量稳定,这时主变量就不会产生大的波动,主调节器的投运就比较容易了,再从主、副两个调节器的联系上看,主调节器的输出是副调节器的设定,而副调节器的输出直接去控制调节阀。因此,先投运副回路,再投运主回路,从系统结构上看也是合理的。

下面介绍 DDZ-Ⅲ 型仪表组成的串级控制系统(包括人工智能调节器组成的串级控制系统)的投运步骤。

设置主调节器的设定值,并将主调节器置为内给定,副调节器置为外给定,再将主、副调节器正、反作用放在正确的位置上。在副调节器处于手动状态下进行遥控,等待主变量慢慢在设定值附近稳定下来,这时则可以按先副后主的顺序,依次将副调节器和主调节器投入自动,即完成了串级控制系统的投运工作,而且投运过程是无扰动的。

如果串级控制系统是由智能控制仪表组成的,投运可以通过手动/自动切换功能来实现。

此功能可使仪表在自动和手动两种状态下进行无扰动切换。

串级控制系统投运方法有两种：一种为一步投运法，另一种为二步投运法。一步投运法是把副回路直接进行闭合，在主回路上进行手动/自动切换；二步投运法是先副后主，逐级无扰切换。前一种投运方法运用于副变量允许波动较大的场合，后一种投运方法适用于副变量、主变量均要求波动较小的场合。

2）串级控制系统的参数整定

Ⅰ. 两步整定法

先整定副调节器参数，后整定主调节器参数的方法叫作两步整定法，具体整定过程如下。

（1）在稳定工况且主、副回路闭合情况下，主、副调节器都在纯比例控制作用下运行，将主调节器的比例度固定在100%刻度上，逐渐减小副调节器的比例度，求取副回路在4∶1或10∶1衰减过渡过程时的比例度 δ_{2s} 和操作周期 T_{2s}。

（2）在副调节器比例度等于 δ_{2s} 的条件下，逐渐减小主调节器的比例度，直至也得到4∶1或10∶1衰减比下的过渡曲线，记下此时主调节器的比例度 δ_{1s} 和操作周期 T_{1s}。

（3）根据上面得到的 δ_{1s}、T_{1s} 和 δ_{2s}、T_{2s}，按表4.3或表4.4计算出主、副调节器的比例度、积分时间和微分时间。

（4）按"先副后主""先比例次积分后微分"的顺序，将计算出的调节器参数加到调节器上。

Ⅱ. 一步整定法

两步整定法虽然能适应对主、副变量不同要求的系统，但由于分两步整定，特别是要寻求两个4∶1的衰减过程，因此，比较烦琐和费时间。所谓一步整定法就是将副调节器的参数按经验直接确定。由串级控制系统的特点可知，副回路较主回路动作迅速，主、副回路动态联系较少，而且副回路的控制质量又没有严格的要求，所以为了简化步骤，当被控对象对主变量有较高的控制精度要求，对副变量要求不高时，可用一步整定法，具体整定步骤如下。

（1）在生产正常，系统为纯比例运行的条件下，按照表5.2所列的数据，把副调节器比例度调到某一适当的数值。

表 5.2　一步整定法副变量和比例度的经验值

副变量类型	副调节器比例度 δ_{2s}（%）	副调节器比例放大倍数 K_{c2}
温度	20~60	5~1.7
压力	30~70	3~1.4
流量	40~80	2.5~1.25
液位	20~80	5~1.25

（2）利用简单控制系统的任一种参数整定方法整定主调节器的参数。

（3）如果出现"共振效应"，可加大主、副调节器的任一组整定参数值，一般即能消除。如果"共振效应"剧烈，可转入手动，待生产稳定后，再在比产生"共振效应"时略大的调节器参数下重新进行投运和整定,直至达到满意时为止。

任务 2　比值控制系统

5.2.1　比值控制系统的概念

在炼油、化工及其他工业生产过程中,经常要求两种或两种以上的物料按一定的比例混合或参加反应。因为一旦物料配比失调,就会严重影响产品的产量和质量,有时还会引起生产事故。

工业生产上把实现两个或两个以上物料符合一定比例关系的控制系统叫作比值控制系统。通常把保持两种或几种物料的流量为一定比例关系的系统,称为流量比值控制系统。

在需要保持比值关系的两种物料中,必有一种物料处于主导地位,这种物料称为主物料,表征这种物料的变量称为主动量。在流量比值控制系统中主动量也称主流量,用 G_1 表示;另一种物料按主物料进行配比,在控制过

扫一扫:PPT 5.2
复杂控制系统之
其他控制系统

扫一扫:视频 5.2
均匀控制

扫一扫:视频 5.3
复杂控制系统之
串级控制系统

扫一扫:视频 5.4
复杂控制系统之
其他控制系统

程中随主物料而变化,因而称为从物料,表征其特征的变量称为从动量或副流量,用 G_2 表示。一般情况下,总以生产中的主要物料为主物料,或者以不可控物料作为主物料,用改变可控物料及从物料来实现它们的比值关系。

5.2.2　比值控制系统的类型

开环比值控制系统是最简单的比值控制方案,如图 5.9 和图 5.10 所示,其中 G_1 是主动量;G_2 是从动量,整个系统是一个开环控制系统。当 G_1 变化时,G_2 随之变化,以满足 $G_2 = KG_1$ 的要求。当 G_2 因管线两端压力波动而发生变化时,系统不起控制作用,此时难以保证 G_2 与 G_1 间的比值关系。也就是说在开环比值控制系统中,从物料本身无抗干扰能力,因此,该控制系统只适用于从物料变化较平稳且比值要求不高的场合。

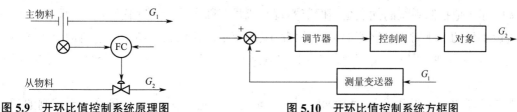

图 5.9　开环比值控制系统原理图　　　　　**图 5.10　开环比值控制系统方框图**

图 5.11 和图 5.12 为单闭环控制方案。由副流量的控制部分看,这是一个随动的闭环控制回路,而主流量的控制部分则是开环的。主动量 G_1 经比值运算后使输出信号与输入信号成一定比例,并作为副流量调节器的设定信号值。

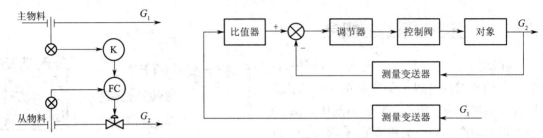

图 5.11 　单闭环比值控制系统原理图   图 5.12 　单闭环比值控制系统方框图

在稳定状态时,主、副流量满足工艺要求的流量比值,即 $K = G_2/G_1$ 为一常数。当主流量负荷变化时,其流量信号经测量变送器送到比值器,比值器则按预先设置好的比值使输出成比例地变化,即成比例地改变副流量调节器的设定值,则 G_2 经调节作用自动跟随 G_1 变化,使得在新稳态下流量比值 K 保持不变。当副流量由于扰动作用而变化时,因主流量不变,即调节器的设定值不变,这样,对于副流量的扰动,闭合回路相当于一个定值控制系统对其加以克服,使工艺要求的流量比值不变。

图 5.13 为单闭环比值控制系统实例。丁烯洗涤塔的任务是用水除去丁烯馏分所夹带的微量丁腈。为了保证洗涤质量,要求根据进料流量配以一定比例洗涤水量。

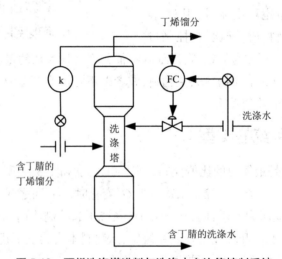

图 5.13 　丁烯洗涤塔进料与洗涤水之比值控制系统

单闭环比值控制系统的优点是不但能实现副流量跟随主流量的变化而变化,而且可以克服副流量本身的干扰对流量比值的影响,因此主、副流量的比值较为精确。它结构形式简单,实施起来亦较方便,所以得到广泛的应用,尤其适用于主物料在工艺上不允许进行控制的场合。

在单闭环比值控制系统中,虽然两物料的流量比值一定,但由于主流量是不受控制的,所以总物料量是不固定的,这对负荷变化幅度大,物料直接去化学反应器的场合是不适合的。因负荷的波动有可能造成反应不完全,或反应放出的热量不能及时被带走等,从而给反应带来一定的影响,甚至造成事故。此外,这种方案对于严格要求动态流量比值的场合也是不适应的。因为这种方案的主流量是不定值的,当主流量出现大幅度波动时,副流量相对于调节器的设定值会出现较大的偏差,也就是说在这段时间里,主、副流量的比值会较大地偏离工艺要求的流量比值,即不能保证动态流量比值。

　　主、从两种物料均为闭环控制的比值控制系统,称为双闭环比值控制系统,如图 5.14 和图 5.15 所示。在稳定状态下,主流量被主回路稳定在工艺设定值上,副流量被副回路稳定在与主流量成一定比例的数值上,从而使主、副流量成一定比例关系。当干扰作用于系统后,系统进入动态。若干扰作用于副回路,干扰将被副回路克服,不会影响主流量。如果干扰使主流量变化,主回路一方面克服干扰,同时比值器通过改变副流量保持一定的主副流量比例关系。最后当干扰全部被克服时,主、副流量又都回到稳定数值,仍继续保持比例关系。

　　这种系统可以消除来自主、从两个方面的扰动,使两个流量都能稳定。另一方面,主、副两回路之间有比值器,又可实现主、从两种物料的比值调节。

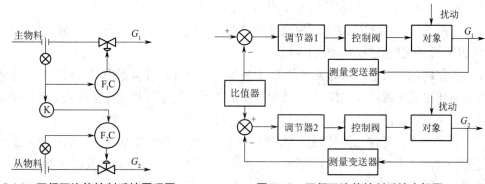

图 5.14　双闭环比值控制系统原理图　　　　图 5.15　双闭环比值控制系统方框图

　　双闭环比值控制系统的另一个优点是提升生产负荷比较方便,只要缓慢地改变主流量调节器(调节器 1)的设定值,就可以提升主流量,同时副流量也就自动跟踪提降,并保持两者比值不变。

　　双闭环比值控制系统的缺点是采用单元组合仪表时,所用仪表较多,投资高;若采用功能丰富的数字式仪表,上述缺点则可完全消失。

　　值得注意的是,双闭环比值控制系统虽然有两个闭合回路,但它不是串级控制系统。因为 G_2 跟踪 G_1,而不会影响 G_1。实质上双闭环比值控制系统由一个定值控制系统和一个随动控制系统所组成,不仅能保持两个流量之间的比例关系,而且能保证总流量不变。与采用两个单闭环流量控制系统相比,其优越性在于主流量一旦失调,仍能保持原定的主、副流量比值,并且当主流量因扰动而发生变化时,在控制过程中仍能保持原定的比值。

　　前面介绍的几种比值控制系统,流量比是固定不变的,故称为定比值控制系统。但在实际生产中,以改变两种物料流量的比值来维持某参数的恒定是应用极广的控制系统。所谓变比值控制系统是指两种物料流量的比值能灵活地随第三参数的需要而加以调整,最常见的是串级比值控制系统,其方框图如图 5.16 所示。

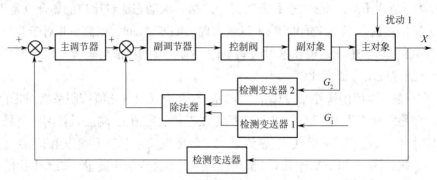

图 5.16　串级比值控制系统方框图

由图 5.16 可见,它实质上是一个以某种质量指标 X 为主变量,两物料流量比值为副变量的串级控制系统,所以也称为串级比值控制系统。根据串级控制系统具有一定自适应能力的特点,这种变比值系统也具有当系统中存在温度、压力、成分、触媒活性等随机干扰时,能自动调整比值、保证质量指标在规定范围内的自适应能力。

以图 5.17 所示的硝酸生产中氧化炉炉温与氨气/空气流量比值所组成的串级比值控制方案为例,说明变比值控制系统的应用。

氧化炉是硝酸生产中的关键设备,原料氨气和空气在混合器内混合后经预热进入氧化炉,氨气氧化生成一氧化氮气体,同时放出大量的热量。稳定氧化炉操作的关键条件是反应温度,因此氧化炉炉温是可以间接表征氧化生产的质量指标。

若只设计一套定比值控制系统保证进入混合器的氨气和空气流量的比值一定,并不能最终保证炉温不变,所以还需要根据炉温的变化来适当修正氨气和空气的比例以保证氧化炉炉温恒定。图 5.17 所示的串级比值控制系统就是根据这样的意图而设计的。由图可见,当出现直接引起氨气/空气流量比值变化的干扰时,通过比值控制系统可及时克服而保持炉温不变。对于其他干扰引起炉温变化时,则通过温度调节器对氨气/空气流量比值进行修正,使氧化炉炉温恒定。

又如图 5.18 所示的变换炉的水蒸气和半水煤气的变比值控制系统,在变换炉生产过程中,半水煤气和水蒸气的量须保持一定的比值,但其比值系数要能随触媒层的温度变化而变化,才能在较大负荷变化下保持良好的控制质量。从系统的结构上来看,实际上是变换炉触媒层温度与水蒸气/半水煤气流量的比值串级控制系统。系统中调节器的选择,温度调节器按串级控制系统中主调节器要求选择,比值系统按单闭环比值控制系统来确定。

在变比值控制方案中,选取的第三参数主要是衡量质量的最终指标,而流量间的比值只是参考指标和控制手段。因此在选用这种方案时,必须考虑作为衡量质量指标的第三参数是否可以进行连续的测量变送,否则系统将无法实施。由于变比值控制具有根据第三参数自动校正比值的优点,且随着质量检测仪表的发展,这种方案可能会越来越多地在生产上得到应用。

需要注意一点,上面提到的变比值控制方案是用除法器来实施的,实际上还可采用其他运算单元(如乘法器)来实施。

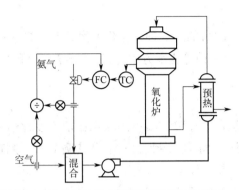

图 5.17　氧化炉炉温与氨气/空气流量比值所组成的串级比值控制系统

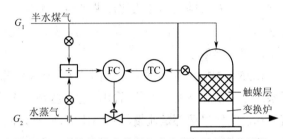

图 5.18　变换炉的水蒸气和半水煤气流量的变比值控制系统

5.2.3　比值系数的计算

比值控制系统方案确定后,计算比值系数并把它正确地设置在相应的仪表上,是保证比值控制系统正常运行的前提。工艺上规定的比值 K 是指两物料的流量(体积或质量流量)比 $K = G_2/G_1$,而目前仪表使用统一的信号,如电动仪表是直流 0~10 mA 或 4~20 mA 电流信号,气动仪表是 20~100 kPa 气压信号等,因此必须把工艺规定的流量比 K 换算成仪表信号之间的比值系数 K',才能进行比值设定。

1. 流量与测量信号呈线性关系时的计算

当使用转子流量计、涡轮流量计、椭圆齿轮流量计或带开方的差压变送器测量流量时,流量信号均与测量信号呈线性关系。对于不同信号范围的仪表(即仪表信号起始点为零和非零两种情况),比值系数的计算公式是一致的。

流量与测量信号呈线性关系时,则有

$$K' = K \frac{G_{1max}}{G_{2max}}$$

2. 流量与测量信号呈非线性关系时的计算

在使用节流装置测量流量而未经开方处理时,流量与差压呈非线性关系。对于不同信号范围的仪表(即仪表信号起始点为零和非零两种情况),比值系数的计算公式是一致的。

流量与测量信号呈非线性关系时,则有

$$K' = K^2 \left(\frac{G_{1max}}{G_{2max}} \right)^2$$

由此可见,流量比值 K 与比值系数 K' 是两个不同的概念,不能混淆;比值系数 K' 的大小与流量比值 K 有关,但与负荷大小无关;流量与测量信号之间有无非线性关系对计算式有直接影响,但仪表的信号范围不一致(即起始点是否为零),均对计算式没有影响。

5.2.4　比值控制系统的实施方案

在比值控制系统中,可用两种方案达到比值控制的目的。一种是相除方案,即 $G_2/G_1 = K$,可把 G_2 与 G_1 相除的商作为比值调节器的测量值。另一种是相乘方案,由于 $G_2 = KG_1$,可将主流量 G_1 乘以系数 K 作为从流量 G_2 调节器的设定值。

1. 相除方案

相除方案如图 5.19 所示。图中"÷"号表示除法器。相除方案可用在定比值或变比值控制系统中。从图 5.19 中可以看出,它仍然是一个简单的定值控制系统,不过其调节器的测量信号和设定信号值都是流量信号的比值,而不是流量信号本身。

这种方案的优点是直观,且比值可直接由调节器进行设定,操作方便;能直接对它进行比值指示和报警;缺点是由于除法器包括在控制回路内,对象在不同负荷下变化较大,负荷小时,系统稳定性差。若将比值设定信号改为第三参数,将可实现变比值控制。

2. 相乘方案

相乘方案如图 5.20 所示。图中"×"号表示乘法器或分流器或比值器。

由图 5.20 可见,相乘方案仍是一个简单控制系统,不过流量调节器 F_2C 的设定值不是定值,而是随 G_1 的变化而变化,是一个随动控制系统,并且乘法器是在流量调节回路之外,其特性与系统无关,避免了相除方案中出现的问题,有利于控制系统的稳定。

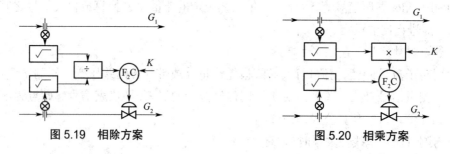

图 5.19　相除方案　　　　　　　　　　图 5.20　相乘方案

以上各种方案的讨论中,比值系统中流量的测量变送主要采用差压式流量计,故在实施方案中加了开方器,目的是使指示标尺为线性刻度。但如果采用椭圆齿轮等线性流量计,则在实施方案中不用加开方器。

5.2.5　比值控制系统的投运与参数整定

比值控制系统的控制目的在于从物料在动态与静态时均与主物料保持严格的比例关系。当主物料发生变化时,即主物料变化后,希望从物料能快速地随主物料按一定的比例做相应的变化。因此,它不应该按定值控制系统 4∶1 最佳衰减曲线法的要求进行整定,而应该整定在振荡与不振荡的边界为好。

由于从物料的调节回路(副回路)是一个随动系统,为了让从物料的调节准确、快速、成比例地跟上主物料的变化,采用不同的控制规律,过渡过程略有差异。当调节器采用比例控制规律时,要求从物料在设定值作用下准确、快速地跟上设定值,且余差要小,不要有超调量,如图

5.21 所示;当采用比例积分控制规律时,则要求从物料只波动一次就回到设定值,且超调量要小,不准有余差,如图 5.22 所示。

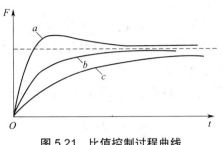

图 5.21　比值控制过程曲线

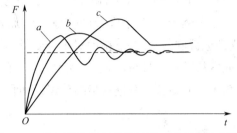

图 5.22　比例积分控制作用下随动控制系统曲线

比值控制系统在设计、安装好以后,就可以进行系统的投运。投运的步骤大致与简单控制系统相同。系统投运前,比值系数不一定要精确设置,可以在投运过程中,逐渐进行校正,直到工艺认为比值合格为止。

对于变比值控制系统,因其结构上是串级控制系统,因此,主调节器可按串级控制系统的主调节器整定。双闭环比值控制系统的主物料回路可按单闭环定值控制系统来整定。但对于单闭环和双闭环比值控制系统的从物料回路来说,它们实质上均属于随动控制系统,即主流量变化后,要求副流量能快速地随主流量按一定比例做相应的变化。因此,比值控制系统实际上要达到振荡与不振荡的临界过程,其整定步骤大致如下:

(1)根据工艺要求的两流量比值,进行比值系数计算。在现场整定时,根据计算的比值系数投运,在投运过程中再做适当调整,以满足工艺要求;

(2)使 $T_{\mathrm{I}} \to \infty$,在纯比例控制作用下,调整比例度(使 δ 由大到小变化),直到系统处于振荡与不振荡的临界过程为止;

(3)在适当放大比例度(一般放大 20%)的情况下,慢慢减小积分时间常数,引入积分控制作用,直至出现振荡与不振荡的临界过程或微振荡过程为止。

任务 3　前馈控制系统

5.3.1　前馈控制系统的特点

简单控制系统属于反馈控制系统,它的特点是按被控变量的偏差进行控制,因此只有在偏差产生后,调节器才能对操纵变量进行控制,以补偿扰动变量对被控变量的影响。若扰动已经产生,而被控变量尚未变化,控制作用是不会产生的,所以,这种控制作用总是落后于扰动作用的,是不及时的控制。对于滞后大的被控变量,或扰动幅度大而频繁时,采用简单控制往往不能满足生产工艺的要求,若引入前馈控制,实现前馈 - 反馈控制就能获得显著的控制效果。

前馈控制的工作原理可结合图 5.23(一般的反馈控制系统)和图 5.24(前馈控制系统)进行介绍。假如换热器的进料流量 F 是影响被控变量——换热器出口温度 θ_1 的主要干扰。当采用前馈控制方案时,可以通过一个流量变送器测取扰动量——进料流量 F,并将信号送到前

馈控制装置 G_{ff},前馈控制装置做一定运算去控制阀门,以改变蒸汽流量来补偿进料流量 F 对被控变量 θ_1 的影响。如果蒸汽流量改变的幅值和动态过程适当,就可以显著减小或完全补偿由于扰动量 F 波动所引起的出口温度 θ_1 的波动。

从这个例子看出,前馈控制是基于对扰动补偿的原理工作的。扰动一出现,就把它测量出来,立即进行调节,以补偿扰动对被控变量的影响,所以前馈控制又叫扰动补偿控制。因此,它对时间常数或滞后时间较大、干扰大而频繁的对象有显著效果。

为了对前馈控制有进一步的认识,下面列出前馈控制的特点,并与反馈控制做简单比较。

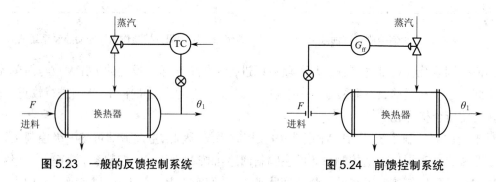

图 5.23　一般的反馈控制系统　　　　图 5.24　前馈控制系统

1. 前馈控制是按照干扰作用的大小来进行控制的

在前馈控制中,扰动一旦出现,系统就能根据扰动的测量信号控制操纵变量,及时补偿扰动对被控变量的影响,控制是及时的,如果补偿作用完善,可以使被控变量不产生偏差。这个特点也是前馈控制的一个主要优点。基于这个优点,可把前馈控制与反馈控制做比较,见表 5.3。

表 5.3　前馈控制与反馈控制

控制类型	控制依据	检测的信号	控制作用的发生时间
反馈控制	被控变量的偏差	被控变量	偏差出现后
前馈控制	扰动的大小	扰动量	偏差出现前

2. 前馈控制系统属于开环控制系统

反馈控制系统是一个闭环控制系统,而前馈控制是一个开环控制系统,前馈控制器按扰动量产生控制作用后,对被控变量的影响并不反馈回来影响控制系统的输入信号——扰动量。换热器前馈控制系统的补偿过程如图 5.25 所示,其方框图如图 5.26 所示。

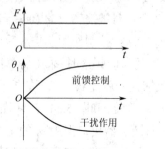

图 5.25　前馈控制系统的补偿过程

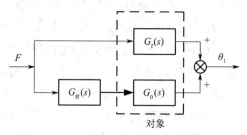

图 5.26　前馈控制系统的方框图

前馈控制系统是一个开环控制系统,这一点从某种意义上说是前馈控制的不足之处。反馈控制系统由于是闭环控制系统,其控制结果能够通过反馈获得检验,而前馈控制的效果并不通过反馈加以检验,因此前馈控制对被控对象的特性掌握必须比反馈控制清楚,才能得到一个较合适的前馈控制作用。

3. 前馈控制使用的是视对象特性而定的专用控制器

一般的反馈控制系统均采用通用的 PID 调节器,而前馈控制器是专用控制器,对于不同的对象特性,前馈控制器的形式是不同的。由图 5.26 的方框图可以看出它的控制规律(也就是前馈控制器的数学模型)由前馈通道和扰动通道的传递函数得到,可用下式表示:

$$G_{ff}(s) = -\frac{G_f(s)}{G_0(s)}$$

式中: $G_f(s)$ 为扰动通道传递函数; $G_0(s)$ 为调节通通传递函数;式中的负号表示控制作用与干扰作用的方向相反。

如果对象的扰动通道和调节通道都用纯滞后加一阶非周期曲线近似,这样前馈控制器的动态特性表示如下。

调节通道的特性:

$$G_0(s) = \frac{K_0}{T_0 s + 1} e^{-\tau_0 s}$$

扰动通道的特性:

$$G_f(s) = \frac{K_f}{T_f s + 1} e^{-\tau_f s}$$

当 τ_0 和 τ_f 差别不大时,为了简化前馈控制器,可采用

$$G_{ff}(s) = -K_{ff} \frac{T_0 s + 1}{T_f s + 1}$$

其中, K_{ff}——静态前馈放大系数, $K_{ff}^2 = K_f / K_0$。

4. 前馈控制对扰动的补偿是一一对应的

由于前馈控制作用是按扰动进行工作的,而且整个系统是开环的,因此根据一种扰动设置的前馈控制只能克服这一种扰动,而对于其他扰动,由于这个前馈控制器无法感受到,也就无能为力了,而反馈控制只用一个控制回路就可以克服多个扰动,所以这一点也是前馈控制系统的一个弱点。

换热器前馈控制系统,仅能克服进料流量变化对被控变量的影响,如果同时还存在其他扰动,例如进料温度、蒸汽压力的变化等,它们对被控变量 θ_1 的影响,通过前述的前馈控制系统是得不到克服的。因此,往往用前馈控制系统来克服主要扰动,再用反馈控制系统来克服其他扰动,组成复合的前馈-反馈控制系统。

5.3.2　前馈控制系统的主要结构形式

1. 前馈-反馈控制系统

单纯的前馈控制往往不能很好地补偿扰动,存在着不少局限性,这主要表现在单纯前馈控

制不存在被控变量的反馈,即对于补偿的效果没有检验的手段,这样,在前馈控制的控制结果并没有最后消除被控变量的偏差时,系统无法得到这一信息而做进一步的校正。其次,由于实际工业对象存在着多个扰动,为了补偿它们对被控变量的影响,势必要设计多个前馈通道,这就增加了投资费用和维护工作量。因此,一个固定的前馈模型难以获得良好的控制品质。为了解决这一局限性,可以将前馈控制与反馈控制结合起来使用,构成所谓的前馈-反馈控制系统。在该系统中可综合两者的优点,将反馈控制不易克服的主要扰动进行前馈控制,而对其他扰动则进行反馈控制,这样,既发挥了前馈控制及时的特点,又保持了反馈控制能克服多种扰动,并对被控变量始终给予检验的优点,因而是过程控制中较有发展前途的控制方式。

　　换热器的前馈-反馈控制系统如图 5.27 和图 5.28 所示。用前馈控制来克服由于进料流量波动对被控变量 θ_1 的影响,而用温度调节器的控制作用来克服其他扰动对被控变量 θ_1 的影响,前馈与反馈控制作用相加,共同改变加热蒸汽量,以使出口温度 θ_1 维持在设定值上。这种控制方案综合了前馈控制与反馈控制两者的优点,因此能使控制质量进一步提高。

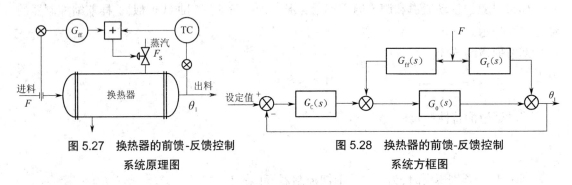

图 5.27　换热器的前馈-反馈控制
系统原理图

图 5.28　换热器的前馈-反馈控制
系统方框图

2. 前馈-串级控制系统

　　换热器的前馈-串级控制系统如图 5.29 和 5.30 所示。前馈控制器的输出信号与反馈信号的输出叠加后直接送至调节阀,这实际上是将所要求的进料流量 F 与加热蒸汽量 F_s 的对应关系,转化为进料流量与调节阀膜头压力间的关系。这样为了保证前馈补偿的精度,对调节阀提出了严格的要求,希望它灵敏、线性及滞环区尽可能小。此外还要求调节阀前后的差压恒定,否则,同样的前馈输出将对应不同的蒸汽流量,也就无法实现精确的校正。为了解决上述两个问题,工程上将在原有的反馈控制回路中再增设一个蒸汽流量副回路,把前馈控制器的输出信号与温度调节器的输出信号叠加后,作为蒸汽流量调节器的设定值,构成前馈-串级控制系统。

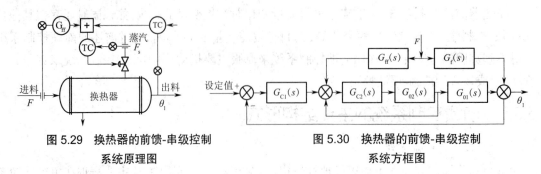

图 5.29　换热器的前馈-串级控制
系统原理图

图 5.30　换热器的前馈-串级控制
系统方框图

5.3.3　前馈控制系统的参数整定

前馈控制器的控制规律由对象特性决定。但是,由于特性测试精度、测试工况与在线工况的差异,使得控制效果并不会那么理想。因此,现场整定工作很有实际意义。这里以最常用的前馈模型 $K_{ff}(T_0s+1)/(T_fs+1)$ 为例,讨论静态参数 K_{ff} 及动态参数 T_0、T_f 的整定方法。

扫一扫:视频 5.5
控制器的控制
规律

1. 静态前馈系数 K_{ff} 的整定

在前馈控制模型中,对静态参数 K_{ff} 的整定是很重要的,正确选择 K_{ff} 就能准确地决定阀位。如果选得过大,相当于对反馈控制回路施加了扰动,错误的前馈静态输出将要由反馈输出来补偿。在工程实际中,整定 K_{ff} 一般有开环整定法及闭环整定法之分。

1)开环整定法

开环整定是在前馈-反馈系统中将反馈回路断开,使系统处于单纯静态前馈状态下,施加扰动,K_{ff} 值由小逐步增大,直到被控变量回到设定值,此时对应的 K_{ff} 值为最佳整定值。为了使 K_{ff} 值的整定结果准确,应力求工况稳定,减少其他扰动对被控变量的影响。

2)闭环整定法

如待整定的系统方框图如图 5.31 所示,则闭环整定可分为在前馈-反馈运行状态下的整定及反馈运行状态下的整定两种。

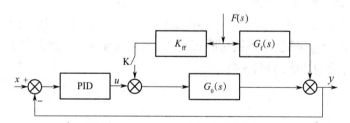

图 5.31　K_{ff} 闭环整定法系统方框图

利用前馈-反馈系统整定 K_{ff},使系统处于前馈-反馈运行状态。在反馈控制器已整定好的基础上,施加相同的扰动量,由小而大逐步改变 K_{ff} 值,直至得到满意的补偿过程为止。K_{ff} 对控制过程的影响如图 5.32 所示。图 5.32(a)为无前馈控制作用。图 5.32(c)为补偿合适,即 K_{ff} 值适当,如果整定值比此时的 K_{ff} 值小,则造成欠补偿,如图 5.32(b)所示,过大则造成过补偿,如图 5.32(d)所示。

利用反馈系统整定 K_{ff},使系统处于反馈运行状态。待系统运行稳定后,记下扰动的稳态值 f_1 和调节器输出的稳态值 u_1,施加扰动,扰动量为 f_2,待系统重新稳定后,再次记下调节器的输出 u_2,则前馈控制器的静态放大系数 K_{ff} 可按下式求出:

$$K_{ff} = \frac{u_2 - u_1}{f_2 - f_1} = \frac{\Delta u}{\Delta f}$$

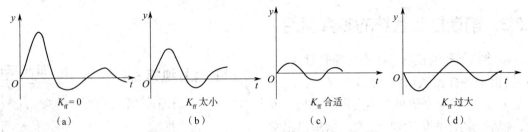

图 5.32　K_{ff} 对控制过程的影响

（a）无补偿　（b）欠补偿　（c）补偿合适　（d）过补偿

使用这种整定法需要注意两点：一是反馈控制器必须具有积分控制作用，否则在干扰作用下无法消除被控变量的余差；二是要求工况稳定，以免其他扰动的影响。

2. 动态前馈系数 T_0 和 T_f 的整定

前馈控制器动态参数的整定较静态参数的整定要复杂得多，在事先未经动态测定求取这两个时间常数时，至今尚无完整的工程整定法和定量计算公式，主要还是通过经验的或定性的分析，利用在线运行曲线来判断与整定 T_0、T_f。

动态参数 T_0、T_f 决定了动态补偿的程度，当 T_0 过小或 T_f 过大时，会产生欠补偿现象，未能有效地发挥前馈补偿的功能，控制过程曲线与图 5.32（b）静态欠补偿的情况是相似的。而当 T_0 过大或 T_f 过小时，则会产生过补偿现象，所得的控制过程甚至较纯粹的反馈控制系统品质还差，控制过程曲线与图 5.32（d）静态过补偿的情况是一样的。显然当 T_0、T_f 分别接近或等于对象控制通道和扰动通道的时间常数时，过程的控制品质最佳，此时补偿合适，其控制过程曲线如图 5.32（c）静态补偿合适的情况。

例如，对于前述换热器的前馈-反馈控制系统，当 T_0 过大 T_f 过小，则会产生过补偿现象，所得的调节过程甚至较纯粹的反馈系统品质更差；当 T_0 过小 T_f 过大，则会产生欠补偿现象，未能有效地发挥前馈补偿的功能，如图 5.33 所示。

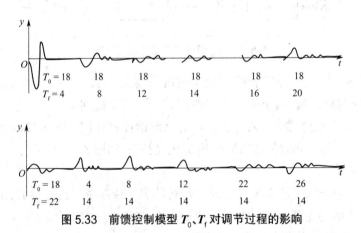

图 5.33　前馈控制模型 T_0、T_f 对调节过程的影响

过补偿往往是前馈控制系统的危险之源，它会破坏控制过程，甚至达到不允许的地步。相反，欠补偿却是寻求合理的前馈动态参数的途径。不管怎样，欠补偿的结果总比过补偿过程好一些,它倾向于安全的一边;因此在整定动态参数时,应从欠补偿开始,逐步强化前馈控制作用,即增大 T_0 或减小 T_f,直到出现过补偿的趋势,再略减弱前馈控制作用,便可获得满意的控制过程。

任务 4 分程控制系统

5.4.1 分程控制的概念

在一般的反馈控制系统中,一台控制器的输出信号只能控制一个调节阀工作。然而,在实际的生产过程中也发生另一种情况,即由一台控制器的输出信号控制两个或两个以上的调节阀工作,而每一个调节阀上的控制信号只是控制器整个输出信号的某一段,通常将这种控制方式称为分程控制。

扫一扫:视频 5.6
分程控制

为了实现分程控制,往往需要借助附设在每个阀上的阀门定位器将控制器的输出信号压力分成若干个区间,再由阀门定位器将不同区间内的信号压力转换成能使相应的调节阀全行程动作的信号压力 0.02~0.1 MPa。如图 5.34 所示,该系统有 A 和 B 两个调节阀。要求 A 阀在控制器输出信号为 0.02~0.06 MPa 时,做全行程动作;B 阀在控制器输出信号为 0.06~0.1 MPa 时,做全行程动作。利用 A 阀上的阀门定位器将 0.02~0.06 MPa 的控制信号转换成 0.02~0.1 MPa 的控制信号;利用 B 阀上的阀门定位器将 0.06~0.1 MPa 的控制信号转换成 0.02~0.1 MPa 的控制信号。从而使 A 阀在控制器输出信号小于 0.06 MPa 时动作,当信号大于 0.06 MPa 时,A 阀已处于极限位置,B 阀开始动作,实现了分程控制过程。

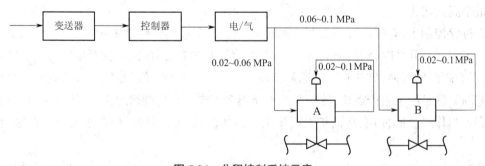

图 5.34 分程控制系统示意

根据调节阀的气开和气闭作用方式以及两个调节阀是同向动作还是反向动作,在分程控制的应用中,可以形成四种不同的组合形式,如图 5.35 所示。图 5.35(a)表示两个阀同方向动作,随着控制信号压力的增大(减小),两个阀都同方向开大(关小)。以气开式为例,控制器输出信号为 0.02 MPa 时,A、B 两个阀都全关闭,随着控制信号的增大,A 阀开始打开,直到控制信号增大到 0.06 MPa,A 阀全开,此时,B 阀才开始开启,直到控制信号增大到 0.1 MPa 时,B 阀也全开;当控制信号由 0.1 MPa 减小时,B 阀先关小,直到全关闭后,A 阀才开始关闭。

　　图 5.35（b）表示两个阀反方向动作，一个阀是气开式，另一个阀是气闭式。以 A 阀是气开式，B 阀是气闭式为例，控制器输出信号为 0.02 MPa 时，A 阀全关，B 阀全开。随着控制信号压力的增大，A 阀开始打开，B 阀不动作；当控制信号增大到 0.06 MPa 时，A 阀全开，B 阀仍全开；控制信号再增大，B 阀开始关闭；直到控制信号为 0.1 MPa 时，B 阀全关闭，此时，A 阀全开，B 阀全闭。

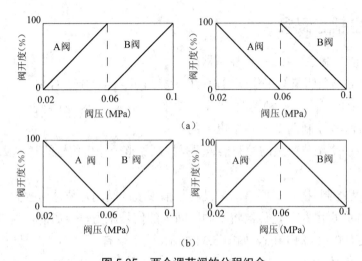

图 5.35　两个调节阀的分程组合
（a）两个阀同方向动作　（b）两个阀反方向动作

5.4.2　分程控制的应用

　　分程控制可以有效改变调节阀的可调范围，即可调比。可调比是指阀所能控制的最大流量与最小流量之比。

　　在过程控制中，有些场合需要调节阀的可调范围很宽。如果仅用一个大口径的调节阀，当调节阀工作在小开度时，阀门前后的差压很大，流体对阀芯、阀座的冲蚀严重，并会使阀门剧烈振荡，影响阀门的寿命，破坏阀门的流量特性，从而影响控制系统的稳定。若将调节阀换小，其可调范围又满足不了生产需要，致使系统不能正常工作。在这种情况下，可将大小两个阀门并联分程后当作一个阀使用，从而扩大可调比，改善阀门的工作特性，使在小流量时有更精确的控制。

　　分程控制经常被用来满足工艺操作的特殊需要，例如图 5.36 所示的罐顶氮封分程控制系统，在炼油厂或石油化工厂中，有许多贮罐存放着各种油品或石油化工产品。这些贮罐建造在室外，为使这些油品或产品不与空气中的氧气接触、被氧化变质，或引起爆炸危险，常采用罐顶充氮的方法，使其与外界空气隔绝，称为罐顶氮封。实行氮封的技术要求是要始终保持罐内的氮气气压为微小的正压。贮罐内贮存的物料量增减时，将引起罐顶压力的升降，应及时进行控制，否则将会造成贮罐的变形。因此，当贮罐内液位上升时，应停止补充氮气，并将罐顶压缩的氮气适量排出；反之，当液位下降时，应停止排放氮气而补充氮气。只有这样，才能做到既隔绝空气,又保证贮罐不变形。

图 5.36 所示的罐顶氮封分程控制系统包括 PT 压力检测变送器和 PC 压力控制器,选择 PI 控制规律,具有反作用;充气阀 A 选择气开式,排气阀 B 选择气闭式。当罐顶压力减小时, 控制器输出增大,从而打开充气阀而关闭排气阀;反之,当罐顶压力增大时,控制器输出减小, 关闭充气阀,打开排气阀。

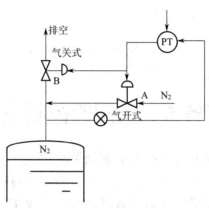

图 5.36　罐顶氮封分程控制系统

为了避免 A、B 两个阀频繁开闭,也为了有效节省氮气,由于一般贮罐顶部空隙较大,压力 对象时间常数较大,同时对压力的控制精度要求又不高,所以设定 B 阀的分程信号为 0.02~0.058 MPa,A 阀的分程信号为 0.062~0.1 MPa,中间存在一个间歇区或称为不灵敏区,如 图 5.37 所示。

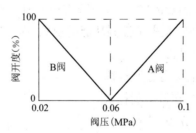

图 5.37　氮封分程控制阀动作图

5.4.3　分程控制应用中的几个问题

(1)对调节阀的泄漏量的要求。

(2)控制阀流量特性的选择除要考虑对象特性外,更应注意在分程点处控制阀的放大系 数可能出现突变。

(3)分程控制控制器控制规律的选择及其参数整定可参照简单控制系统处理,如图 5.38 所示。

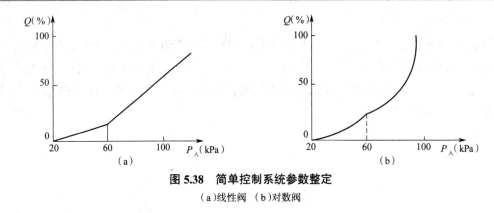

图 5.38　简单控制系统参数整定
(a)线性阀　(b)对数阀

任务 5　选择性控制系统

非正常工况一般采取的处理方法有两种:连锁保护和紧急性停车。

自动切换至手动选择性控制系统——当生产操作趋向限制条件时,一个用于控制不安全工况的控制方案将取代正常情况下的控制方案,直到生产操作重新回到安全范围以内恢复原控制方案为止。

选择性控制系统设有两个控制器(或多个变送器)由选择器选择出能适应生产安全状况的控制信号,实现对生产过程的自动控制。

图 5.39 为液氨蒸发器(利用液氨汽化需要吸收大量热量来冷却流管内的物料)。

一个具有积分控制作用的控制器,当其处于开环工作状态时,如果偏差输入信号一直存在,那么由于积分控制作用,控制器的输出将不断增加或不断减小,一直达到输出的极限值并保持在此极限值上,而控制器暂时丧失了控制功能的现象,称为"积分饱和"现象。

1.发生"积分饱和"现象的原因

(1)控制系统中控制器具有积分控制规律。

(2)控制器输入偏差长期存在得不到补偿。

2.防发生"积分饱和"现象方法

1)限幅法

通过专门的技术措施对积分反馈信号加以限制(DDZ-Ⅱ 型仪表、DDZ-Ⅲ 型仪表中有专门设计的限幅控制器)。

2)反馈法

在控制器处于开环状态时,借用其他相应信号对控制器进行积分外反馈来限制积分的作用。

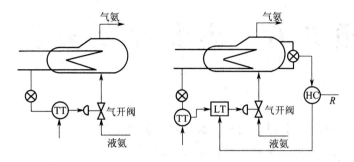

图 5.39　液氨蒸发器

项目 6 集散控制系统

学习目标

(1) 了解集散控制系统的体系结构及各层次的主要功能。

(2) 掌握集散控制系统的主要硬件构成及功能。

(3) 能使用组态软件对集散控制系统进行组态。

(4) 能根据系统过渡过程曲线计算系统的品质指标。

(5) 会使用绘图软件绘制工艺流程图。

(6) 能对集散控制系统进行监控和操作。

任务 1 集散控制系统概述

扫一扫:PPT 6.1
集散控制系统
构架

扫一扫:视频 6.1
集散控制系统
构架

集散控制系统(DCS)是利用计算机技术对生产过程进行集中监视、操作、管理和分散控制的一种新型控制系统。集散控制是由计算机技术、信号处理技术、检测技术、通信网络技术和人机接口技术相互渗透发展而产生的,既不同于分散的仪表控制技术,又不同于集中式计算机控制技术,是吸收了两者的优点,在它们的基础上发展起来的一门系统工程技术。

集散控制系统概括起来是由集中管理部分、分散控制监测部分和通信部分组成的。集中管理部分又分为工程师站、操作站和服务器。工程师站主要用于组态和维护,操作站用于监视和操作,服务器用于全系统的信息管理和优化控制。分散控制监测部分按功能可分为控制站、监测站或现场控制站,用于控制和监测。通信部分连接集散控制系统的各个分部部分,完成数据、指令及其他信息的传递。集散控制系统软件由实时多任务操作系统、数据管理系统、数据通信软件、组态软件和各种应用软件所组成。使用组态软件就可生成用户要求的实际系统。

集散控制系统具有通用性强、系统组态灵活、控制功能完善、数据处理方便、显示操作集中、人机界面友好、安装简单规范化、调试方便、运行安全可靠等特点。它能适应工业生产过程的各种需要,提高生产自动化和管理水平,提高产品质量,降低能源和原材料消耗,提高劳动生产率,保证生产安全,促进工业技术发展,创造最佳经济效益和社会效益。

6.1.1 集散控制系统的主要特点

集散控制系统采用标准化、模块化和系列化设计,由过程管理级、直接管理级和生产管理级所组成。它以通信网络为纽带,对数据进行集中显示,而操作管理和控制相对分散,形成一种配置灵活、组态方便的多级计算机网络结构,具有以下的主要特点。

1. 自主性

系统中各工作站通过通信网络连接起来,各工作站独立自主地完成分配的任务,如数据采集、处理、计算、监视、操作和控制等。

系统各工作站都采用最新技术的微型计算机,存储容量易于扩充,配套软件功能齐全,均为能够独立运行的高可靠性子系统,而且可以随着微处理器的发展更新换代。

系统操作方便,显示直观,提供了装置运行下的可监视性。

控制功能齐全,控制算法丰富,连续控制、顺序控制和批量控制集于一体,还可实现串级、前馈、解耦和自适应等先进控制,提高了系统的可控性。

控制功能分散,负载分散,从而危险分散,提高了系统的可靠性。

2. 协调性

各工作站间通过通信网络传递各种信息协调工作,以完成控制系统的总体功能和优化处理。

采用实时性的安全可靠的工业控制局域网络,使整个系统信息共享,提高畅通性。

采用制造自动化协议/技术与办公协议(Manufacturing Automation Protocol/Technical and Office Protocol,MAP/TOP)标准通信网络协议,将集散控制系统与信息管理系统连接起来,扩展成为综合工厂自动化系统。

3. 友好性

集散控制系统软件面向工业控制技术人员、工艺技术人员和生产操作人员,具有实用而简捷的人机对话系统。该系统通过彩色高分辨率交互图形显示、复合窗口技术显示信息,且信息日趋丰富(包括综观、控制、调整、趋势、流程图、回路一览、报警一览、批量控制、计量报表和操作指导等画面),菜单功能更具实时性;采用平面密封式薄膜操作键盘、触摸式屏幕、鼠标器、跟踪球操作器等交互设备,便于用户操作;语音输入/输出功能使用户与系统对话更方便。

4. 适应性、灵活性和扩充性

硬件和软件采用开放式、标准化和模块化设计系统,采用积木式结构,配置灵活,可适应不同用户的需要。可根据生产要求改变系统的大小,在工厂改变生产工艺、生产流程时,只需要改变某些配置和控制方案。以上的变化都不需要修改和重新开发软件,只需使用组态软件填写一些表格即可实现。

5. 在线性

通过人机接口和输入/输出(Input/Output,I/O)接口,对控制对象的数据进行实时采集、分析、记录、监视、操作控制,并包括对系统结构和组态回路的在线修改、局部故障的在线维护等,提高了系统的可用性。

6. 可靠性

高可靠性、高效率和高可用性是集散控制系统的重要指标,在确定集散控制系统结构的同时,进行可靠性设计,采用可靠性保证技术。

（1）系统结构采用容错设计，在任一单元失效的情况下，仍能保持系统的完整性。

（2）系统硬件包括操作站、控制站、通信链路，其均采用双重设置。

（3）系统软件采用程序分段与模块化设计、积木式结构及程序卷回或指令复执的容错设计，具有可靠性。

（4）组装工艺的可靠性设计，严格挑选元器件，降额使用，加强质量控制，尽可能降低故障出现的概率。

（5）电磁兼容性设计。系统内外要采取各种抗干扰措施：系统放置环境应远离磁场、超声波等有辐射源的地方；做好接地系统，控制信号、测量信号电缆一定要做好接地和屏蔽；采用不间断供电设备及带屏蔽的专用电缆供电；控制站、监测站的输入/输出信号都要经过隔离，再接安全栅与装置的现场对象连接起来，以保证系统的安全运行。

（6）在线快速派出故障的设计。采用硬件自诊断和故障部件的自动隔离、自动恢复与热机插拔技术；系统内发生异常，通过硬件自诊断功能和测试功能检测出后，汇总到操作站，然后通过显示器、声响报警器或打印机输出，将故障信息通知操作人员；监测站、控制站的各插件上都有状态信号灯，用于指示故障插件。

事故报警、双重设置、在线故障处理、硬手操器备份等手段的采用，提高了系统的可靠性和安全性。

6.1.2　集散控制系统的发展概况

1975 年，美国霍尼韦尔（Honeywell）公司推出了世界上第一个 TDC2000 型集散控制系统，这是一个具有许多微处理器的分级控制系统，用多个微处理器分散承担生产过程的控制任务，每个微处理器只控制少量回路。微处理器通过数据总线与基于显示器的操作站连接起来，互相协调，把整个生产过程的全部操作集中显示在同一个操作站上，一起实施工业过程的实时控制和监视，达到掌握全局的目的，实现了控制系统的功能分散、负载分散，因而危险也分散，克服了集中计算机控制系统危险集中这个致命的弱点。

此后，世界各国也相继推出了自己的第一代集散控制系统。比较著名的有：美国福克波罗（Foxboro）公司的 Spectrum 系统、德国西门子公司的 Teleperm 系统、日本横河公司的 Centum 系统等。随着网络技术、软件技术等高新技术的发展，集散控制系统每隔几年便推出新一代产品。第二代集散控制系统的一个明显变化是从主从式的星形网络通信转变为对等式的总线网络通信或环形网络通信。美国福克波罗公司于 1987 年推出了 I/AS 系统，标志着集散控制系统发展至第三代，即采用局部网络技术和国际标准化组织的开放系统互联参考模型，解决了第二代集散控制系统应用过程中难于互联、多种标准不同的"自动化孤岛"问题。

进入 21 世纪以后，受网络通信技术、计算机硬件技术、嵌入式系统技术、现场总线技术、组态软件技术、数据库技术等发展的推动，以及用户对先进控制功能与管理功能需求的增加，以 Honeywell、Foxboro、ABB 等为代表的厂商纷纷提升集散控制系统产品的技术水平和科技含量，使集散控制系统发展至第四代。

6.1.3　集散控制系统的结构体系

随着 DCS 开放性的增强,其层次化的体系结构特征更加显著,充分体现了 DCS 集中管理、分散控制的设计思想。第四代 DCS 的四层结构模式如图 6.1 所示。

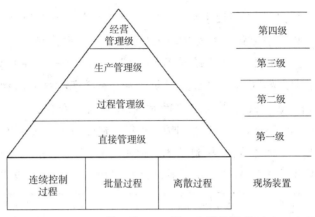

图 6.1　第四代 DCS 的四层结构模式

1. 直接管理级(现场装置管理层次)

在这一级上,过程控制计算机直接与现场各类装置(如变送器、执行器、记录仪等)相连,对所连接的装置实施监测、控制,同时向上与第二级的计算机相连,接收上层的管理信息,并向上传递装置的特性数据和采集到的实时数据。

2. 过程管理级

在这一级的计算机主要是检控计算机、操作站、工程师站。它们综合监视过程各站的所有信息,完成集中显示操作、控制回路组态和参数修改、优化过程处理等。

3. 生产管理级(产品管理级)

在这一级的计算机根据产品各部件的特点,协调各单元级的参数设定,是产品的总体协调员和控制器。

4. 经营管理级(工厂总体管理级)

在这一级的计算机居于中央计算机,并与办公自动化系统连接起来,担负全厂的总体协调管理,包括各类经营活动管理、人事管理等。

任务 2　集散控制系统的构建

DCS 的一个突出优点是系统的硬件和软件都具有灵活的组态和配置能力。在 DCS 的硬件系统中,网络系统将不同数目的现场控制站、操作员站和工程师站连接起来,共同完成各种采集、控制、显示、操作和管理功能。

扫一扫:视频 6.2
集散控制系统
的构建

目前,世界上的 DCS 厂家有近百家,不同系统采用的计算机硬件差别很大,即使同一厂家不同系列的系统采用的硬件也有所不同。在此以浙江中控的 JX-300XP 控制系统为例介绍集散控制系统的结构及应用。

思政小贴士

　　"科技兴则民族兴,科技强则国家强",正如习近平总书记所说的:"只有把核心技术掌握在自己手中,才能真正掌握竞争和发展的主动权"。浙江中控研究院有限公司董事长张伟宁说到"自主不绝对可控,不自主绝对不可控!"。谈及老一辈科学家在自主创新方面付出的心血,张伟宁十分感慨地说:"自主创新时要有科学家拼命的精神。"张伟宁介绍了中国"天眼之父"南仁东,"FAST 接近建成的时候,由于身体原因,南仁东已经不能在现场了。现场有工程师每天给他发邮件汇报进展,他每天都会回复。突然有一天,工程师没有收到回复的邮件,几个小时之后,就接到了他逝世的消息。"张伟宁也介绍了自己留学回国的经历:"都说'出国才爱国',科学是无国界的,但科学家有自己的祖国"。

6.2.1　JX-300XP 系统简介

　　JX-300XP 系统是浙江中控技术股份有限公司 WebField 系列控制系统之一。它吸收了近年来快速发展的通信技术、微电子技术,充分应用了最新的信号处理技术、高速网络通信技术、可靠的软件平台和软件设计技术以及现场总线技术,采用了高性能的微处理器和成熟的先进控制算法,全面提高了控制系统的功能和性能,同时,它实现了多种总线的兼容和异构系统的综合集成,各种国内外 DCS、可编程控制器(Programmable Logic Controller, PLC) 及现场智能设备都可以接入 JX-300XP 系统,使其成为一个全数字化、结构灵活、功能完善的开放式集散控制系统,能适应更广泛、更复杂的应用要求。

　　JX-300XP 控制系统简化了工业自动化的体系结构,增强了过程控制的功能和效率,提高了工业自动化的整体性和稳定性,最终使企业节省了工业自动化方面的投资,真正体现了工业自动化的开放性精神,使自动化系统实现了网络化、智能化、数字化,突破了传统 DCS、PLC 等控制系统的概念和功能,也实现了企业内过程控制、设备管理的合理统一。

　　JX-300XP 控制系统应用范围已经涵盖石化、化工、炼油、冶金、电力等工业自动化行业。

6.2.2　JX-300XP 系统的整体结构

　　JX-300XP 系统的整体结构由控制节点(控制节点是控制站、通信接口等的统称)、操作节点(操作节点是工程师站、操作员站、服务器站、数据管理站等的统称)及通信网络(管理信息网、过程信息网、过程控制网、总线)等构成。

　　过程控制网实现操作节点和控制站的连接,完成数据、信息、控制命令的实时传输与发送,过程控制网采用双重冗余设计,使信息传输高速、可靠。

　　过程信息网采用快速以太网技术,实现网络模式下服务器与客户端的数据通信,优化报警信息和历史数据等的管理,降低过程控制网的网络负荷。

JX-300XP 系统的整体结构如图 6.2 所示。

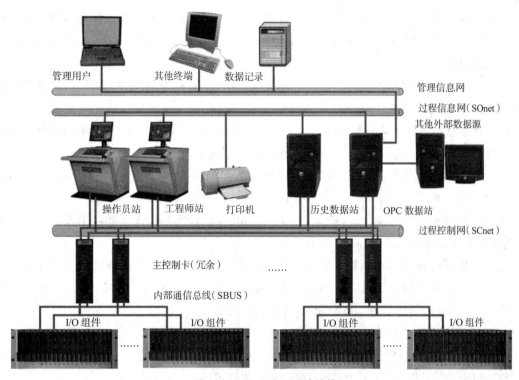

图 6.2　JX-300XP 系统结构

OPC—OLE for Process Control,嵌入式过程控制标准

6.2.3　JX-300XP 系统的主要设备和软件

1. JX-300XP 系统的主要设备

作为典型的通信系统,JX-300XP 系统有以下几类节点。

(1)现场过程控制设备节点;

(2)操作监视设备节点;

(3)智能设备的通信接口节点;

(4)工程师站;

(5)高级计算站。

实现对物理位置、控制功能都相对分散的生产过程进行过程控制的主要硬件设备称为控制站(Control Station, CS)。不同的硬件配置和软件设置可构成不同功能的控制站,包括:过程控制站(Process Control Station, PCS)、逻辑控制站(Logical Control Station, LCS)、数据采集站(Data Acquisition Station, DAS)。

在控制站中,以高性能微处理器为核心,能进行多种过程控制运算和数字逻辑运算,并能通过下一级通信总线获得各种 I/O 卡件（简称卡）交换信息的智能卡件，称为主控制卡或中央处理器（Central Processing Unit，CPU）卡（俗称主机卡）；而与之对应的下一级通信总线称为SBUS。

一定数量的 I/O 卡件（1~16）构成一个控制站的子单元，可以安装在本地控制站内或无防爆要求的远方现场，分别称为 I/O 单元（Input/Output Unit，IOU）或远程 I/O 单元（Remote Input/Output Unit，RIOU）。

用于实现工艺过程监视、操作、记录等功能，以工业计算机为基础的人机接口设备称为操作站（Operater Station，OS）。

用于实现 JX-300XP 系统与其他计算机、各种智能控制设备（如 PLC）连接的硬件设备称为通信接口单元（Communication Interface Unit，CIU）或通信管理站。

用于控制应用软件组态、系统监视、系统维护的工程设备称为工程师站（Engineering Station，ES）。

用于工艺数据的实时统计、性能运算、优化控制、通信转发等特殊功能的工程设备统称为多功能站（Multi-Function Station，MFS）。

用于实现系统各节点间相互通信，将控制站、操作站、通信接口站等硬件设备连成一个完整的分布式控制系统的通信网络为 SCnet Ⅱ 过程控制网，简称 SCnet Ⅱ。JX-300XP 系统采用的是冗余 10 Mbit/s（局部可达 100 Mbit/s）的工业以太网。

2.JX-300XP 系统的软件

用于给 CS、OS、MFS 进行组态的专用软件，包括 SCKey（系统定义）、SCNetDiag（系统诊断）、SCFBD（功能块图）等工具软件包，称为组态软件包。

用于过程实时监视、操作、记录、打印、事故报警等功能的人机接口软件称为实时监控软件AdvanTrol。

3.JX-300XP 系统的主要特点

JX-300XP 系统覆盖了大型集散系统的安全性、冗余功能、网络扩展功能、集成的用户界面及信息存取功能，除了具有模拟量信号输入/输出、数字量信号输入/输出、回路控制等常规DCS 的功能外，还具有高速数字量处理、高速顺序事件（Sequence of Event，SOE）记录、可编程逻辑控制等特殊功能；它不仅提供了功能块图（Supcon DCS Function Block Diagram，SCFBD）、梯形图（Supcon DCS Ladder Diagram，SCLD）等直观的图形组态工具，还为用户提供开发复杂高级控制算法（如模糊控制）的类 C 语言编程环境 SCX。系统规模变换灵活，可以实现从一个单元的过程控制到全厂范围的自动化集成。

JX-300XP 系统的主要特点如下。

1）高速、可靠、开放的控制网络 SCnet Ⅱ

JX-300 XP 系统的控制网络 SCnet Ⅱ 连接工程师站、操作站、控制站和通信处理单元。通信网络采用总线型或星形拓扑结构，曼彻斯特编码方式，遵循开放的 TCP/IP 协议和IEEE 802.3 标准。

SCnet Ⅱ 采用 1：1 冗余的工业以太网，TCP/IP 协议辅以实时的网络故障诊断，其特点是可靠性高、纠错能力强、通信效率高，通信速率为 10 Mbps。

SCnet Ⅱ 真正实现了控制系统的开放性和互连性。通过配置交换器（Switch），操作站之间的网络速度能提升至 100 Mbps，而且可以接多个 SCnet Ⅱ 子网，形成一种组合结构。每个 SCnet Ⅱ 子网理论上最多可带 1 024 个节点，最远可达 10 000 m。目前已实现的网络可带 15 个控制站和 32 个其他站。

2）分散、独立、功能强大的控制站

控制站通过主控制卡、数据转发卡和相应的 I/O 卡件实现现场过程信号的采集、处理、控制等功能。根据现场要求的不同，系统配置规模可以从几个回路、几十个信息量到 1 024 个控制回路、6 144 个信息量。

在一个控制站内，通过 SBus 总线可以挂接 6 个 I/O 单元或远程 I/O 单元，1 个 I/O 单元又可以带 16 个 I/O 卡件。I/O 卡件可对现场信号进行预处理。

主控制卡可以冗余配置，保证实时过程控制的完整性，尤其是主控制卡的高度模件化结构，可以用简单的配置方法，实现复杂的过程控制。

3）多功能的协议转换接口

在 JX-300XP 系统中还增加了与多种现场总线仪表、PLC 以及智能仪表通信互连的功能，可以方便地完成对仪表设备等的隔离配电、通信、修改组态等，实现系统的开放性和互操作性。所支持的仪表设备包括罗斯蒙特（Rosemount）公司、ABB 公司、上海自动化仪表公司、西安仪表厂、川仪集团等著名企业的产品以及浙大中控开发的各种智能仪表和变送器。

4）全智能化设计

JX-300XP 的控制站的所有卡件，都按智能化要求设计，即均采用专用的微处理器，负责该卡件的控制、检测、运算、处理以及故障诊断等工作，在系统内部实现了全数字化的数据传输和数据处理。

在此基础上，JX-300XP 还实现了万能模拟信号输入功能，能自动根据用户的设置采样电压、电流、热电阻、热电偶、毫伏信号等多种模拟量信号，有效减少系统维护中备品、备件的数量。

5）任意冗余配置

JX-300XP 的控制站的所有卡件（如主控制卡、各类 I/O 卡）均可按不冗余和冗余的要求配置，从而在保证系统可靠性和灵活性的基础上，降低用户的费用。

6）简单、易用的组态手段和工具

JX-300XP 的组态工作是通过 SCKey 组态软件来完成的。该软件用户界面友好，功能强大，操作方便，充分支持各种控制方案。

JX-300XP 的软件体系运用了面向对象程序设计（Object Oriented Programming，OOP）技术和对象连接与嵌入（Object Linking & Embedding，OLE）技术，可以帮助工程师系统有序地完成信号类型、控制方案、操作手段等的设置。同时，系统还增加和扩充了上位机的使用和管理软件 AdvanTrol-PI，开发了 SCX 控制语言（类 C 语言）、梯形图、顺序控制语言、功能块等算法组态工具，完善了诸如流程图设计操作、实时数据库开放接口、报表、打印管理等附属软件。

7）丰富、实用、友好的实时监控界面

实时监控软件 AdvanTrol 支持实时数据库和网络数据库，用户界面友好，具有分组显示、趋势图、动态流程、报警管理、报表及记录、存档等监控功能。

操作站可以是一机配多显示器，并配有薄膜键盘、触摸屏幕、跟踪球等输入设备。操作员通过丰富的多种彩色动态画面，可以在这个窗口上进行过程的一切监视、操作。

8）事件记录功能

JX-300XP 系统提供了功能强大的过程顺序事件记录、操作人员操作记录、过程参数报警记录等多种事件记录功能，并配以相应的事件存取、分析、打印、追忆等软件。

JX-300XP 系统具有最小事件分辨间隔（1 ms）的事件序列记录（SOE）卡件，可以通过多卡时间同步的方法同时对 256 点信号进行高速顺序记录。

9）安装方便，维护简单，产品多元化、正规化

JX-300XP 系统立足国内过程控制的需求，在多年工程应用和实践经验的基础上，依靠人才优势，运用当今世界的先进技术，能够简单、方便地完成整个工厂的控制、管理系统的集成。

任务 3　JX-300XP 系统的硬件

JX-300XP 系统的规模可达 31 个控制站，72 个操作站。单个控制站最多可带 8 个机笼，每个机笼最多可放置 16 个 I/O 卡件。

JX-300XP 系统基本硬件组成包括：操作站（包括工程师站（ES）和操作员站（OS））、控制站（CS）及通信网络。

6.3.1　控制站硬件

1. 控制站硬件基础

1）冗余

冗余就是热备用，当将 2 个卡件设置成冗余工作时，其中一个卡件处于工作状态，而另一个处于备用状态，一旦工作卡故障，备用卡马上会切换到工作状态，承担起原来工作卡的任务，从而保证系统持续正常工作。在 JX-300XP 系统中，可以冗余配置的部件包括：过程控制网、SBUS 总线、主控制卡、数据转发卡及各类模拟量卡件。一般来说，卡件的冗余必须通过跳线设置并满足地址冗余的要求。地址冗余是指，互为冗余的卡件必须放置在地址为 I、$I+1$ 的槽位，I 为偶数。

2）隔离方式

隔离方式主要针对 I/O 卡件而言，一般分为统一隔离、分组隔离和点点隔离。统一隔离是指卡件内所有通道采用一个隔离电源供电，并且与控制站的电源隔离。分组隔离一般是将一块卡件的所有通道分为两组，每组采用一个隔离电源供电。点点隔离是指卡件内的每一路通道均单独采用一个隔离电源供电，并且都与控制站的电源隔离，这种方式使卡内各通道之间的

相互影响减小,抗干扰能力增强。一般来说,在分组隔离卡件的配置上,要考虑组内的信号点是否有互相干扰。

3)配电

对于电流信号输入卡,经常需要进行配电。简单地说,卡件通过配电跳线设置成对外输出 DC 24 V 电压,即为配电;卡件通过配电跳线设置成不对外输出 DC 24 V 电压,即为不配电。需要配电的现场变送器通常为二线制变送器,而不需要配电的现场变送器通常为四线制变送器。

4)跳线

一些硬件上的功能设置,经常需要通过跳线选择来实现。按功能不同,跳线可以分为冗余跳线、配电跳线、断电保护跳线和地址跳线等;按针脚数不同,跳线可以分为 2 针跳线和 3 针跳线,其中 2 针跳线的功能选择一般是短接或不短接,而 3 针跳线的功能选择一般分为跳 1-2(前两个针脚)或跳 2-3(后两个针脚)。

2.机柜、机笼及系统供电

1)机柜

机柜主要由机柜框架、顶盖、顶罩、底盖、前门、后门、侧门、前封板、标准立柱、标准立柱支撑横档、侧面横档、封闭线槽、接地铜线等几部分组成,如图 6.3 所示。它是控制站各部分的承载主件,散热风扇、电源机笼和卡件机笼、交换机、配电箱等都放置在机柜中。

图 6.3　机柜

尺寸为 2 100 mm × 800 mm × 600 mm,容量为配置 1 个电源机笼和 4 个卡件机笼。

2）机笼

　　机笼分为电源机笼和卡件机笼，电源机笼主要用来放置电源模块，一个机柜中只有一个电源机笼，一个电源机笼最多可以配置 4 个电源模块；卡件机笼主要放置各类卡件，1 个卡件机笼有 20 个槽位，用来放置 2 个主控制卡、2 个数据转发卡和 16 个 I/O 卡件。卡件排布如图 6.4 所示。

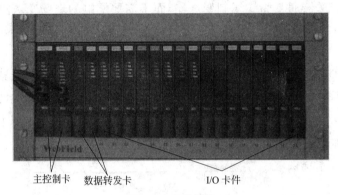

主控制卡　　数据转发卡　　　　　　I/O 卡件

图 6.4　卡件排布

　　机笼背面有 4 个 SBUS-S2 网络接口（DB9 针型插座）、1 组电源接线端子和 16 个 I/O 端子接口插座。SBUS-S2 网络接口用于 SBUS-S2 互连，即机笼与机笼之间互连，SBUS-S2 网络冗余；电源端子给机笼中所有的卡件提供 DC 5 V 和 24 V 电源；I/O 端子接口配合可插拔端子板，把 I/O 信号引至相应的卡件上。

3）端子板

　　在 JX-300XP 系统中，信号的采集和控制主要由 I/O 卡件完成。现场信号点直接连到端子板上，通过端子板把信号输送到对应的 I/O 卡件。端子板主要有 XP520、XP520R 和 XP521 几种类型。

　　XP520 为不冗余端子板，提供 32 个连接点，供相邻的两块 I/O 卡件使用。

　　XP520R 为冗余端子板，提供 16 个连接点，供两块互为冗余的 I/O 卡件使用。

　　XP521 为端子板转接模块，由于 XP562、XP563 等开关量卡件有时需要配套特殊的信号端子板（如继电隔离开关量输入/输出板），而特殊信号端子板无法直接安装在机笼背部的端子板插槽上，所以需要通过端子板转接模块进行转接。

　　三种端子板如图 6.5 所示。

4）电源类型和供电方式

　　JX-300XP 系统的电源具有供电可靠，安装、维护方便等特点。通过电源内部的设计，还可限制系统受交流电源的污染，并使系统不受交流电源波动和外部干扰的影响。系统的电源具有过流保护、低电压报警等功能，在电源配置方面，可按照系统容量及对安全性的要求灵活选用单电源供电、冗余双电源供电或冗余四电源供电等配置模式。

图 6.5 三种端子板

JX-300XP 系统的供电分直流供电和交流供电。

JX-300XP 系统采用双路交流供电时,推荐的交流供电方式是两路 AC 220 V 冗余配电:一路通过不间断电源(Uninterruptible Power Supply, UPS)给系统供电,一路由市电直接给系统供电,如图 6.6 所示。

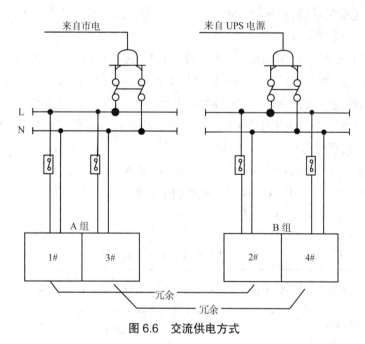

图 6.6 交流供电方式

图中 1#、2#、3#、4# 分别表示系统的 4 个供电电源模块。其中 1# 和 3# 来自市电,2# 和 4# 来自 UPS。电源模块的作用是将 AC 220 V 输入转换成 DC 5 V/24V 输出,从而为卡件和机笼供电。

电源模块面板上有 3 盏指示灯,分别是 DC 5 V、24 V 电压指示灯和 FAIL(故障)灯。电源模块正常工作时, DC 5 V、24 V 电压指示灯(绿灯)亮, FAIL 灯熄灭;如果电源模块故障,那么 FAIL 灯报警,且相应的 DC 5 V、24 V 电压指示灯熄灭。单个电源模块的功率为 150 W。

每个电源模块输出 DC 5 V 和 24 V 电压,通过机笼背面的电源连接线端子对机笼供电。DC 5 V 和 24 V 都为冗余供电。

3. 主控制卡介绍

XP243X 主控卡是控制站的软硬件核心,通过过程控制网络(SCnet Ⅱ)与操作节点(操作站、工程师站等)相连,接收操作节点发出的管理信息,并向操作节点传递工艺装置的特性数据和采集到的实时数据;通过数据转发卡实现与 I/O 卡件的信息交换(采样现场信号和发出控制指令)。它可以自动完成数据采集、信息处理、控制运算等功能。

1)主控卡的主要功能特点

(1)采用三个 32 位嵌入式微处理器协同处理控制站的任务,功能强、速度快、单站容量大。

(2)提供 192 个控制回路(128 个自定义控制回路,64 个常规控制回路),运算周期从50 ms 到 5 s 可选,典型运算周期为 100 ms。

(3)灵活支持冗余(1∶1 热备用)和不冗余的工作模式。

(4)支持整体在线下载。下载过程中,主控制卡按原有组态正常工作,不停止用户程序。

(5)具有支持现场总线的接口单元,支持如 HART 协议智能变送器等现场仪表设备。

(6)具有掉电保护功能,在系统断电的情况下,组态、过程数据均不会丢失。

2)主控制卡的面板介绍

主控制卡由底板和背板两块印制电路板(Printed Circuit Board, PCB)板组成,为保护系统在断电的情况下主控制卡中的组态和过程数据不丢失,两块 PCB 板之间安装了纽扣锂电池。锂电池由断电保护跳线 JP2 控制,当 JP2 跳线短接时,锂电池工作;当 JP2 跳线断开时,锂电池不工作。一般,主控制卡在机柜中工作时,锂电池始终保持在工作状态,而当需要清除主控制卡中的组态信息时,可以直接拔去 JP2 跳线。

主控制卡的前面板上有两个互为冗余的 SCnet Ⅱ 网络端口,分别标识为 A 和 B,分别与SCnet Ⅱ A 网络和 SCnet Ⅱ B 网络相连。主控制卡背板上还有地址拨码开关。

主控制卡面板指示灯的说明见表 6.1。

表 6.1　主控制卡面板指示灯说明

指示灯	名称	指示灯颜色	单卡上电启动	备用卡上电启动	正常运行	
					工作卡	备用卡
FAIL	故障报警或复位指示	红	亮→暗→闪一下→暗	亮→暗	暗	暗
RUN	运行指示	绿	暗→亮	与 STDBY 配合交替闪（上电拷贝）	闪（周期为采样周期的 2 倍）	暗
WORK	工作/备用指示	绿	暗→亮	暗	亮	暗
STDBY	准备就绪	绿	暗	与 RUN 配合交替闪（上电拷贝）	暗	闪（周期为采样周期的 2 倍）

续表

指示灯		名称	指示灯颜色	单卡上电启动	备用卡上电启动	正常运行	
						工作卡	备用卡
通信	LED-A	A# 网络通信指示	绿	暗	暗	闪	闪
	LED-B	B# 网络通信指示	绿	暗	暗	闪	闪
SLAVE		SCnet 通信处理器运行状态	绿	暗	暗	闪	闪

3）主控制卡地址设置规范

主控制卡地址拨码范围为 2~127。

当冗余工作时，地址设置为 I、$I+1$，I 为偶数。

单卡工作时，地址设置为 I。

SW1 拨码开关共有 8 位，分别用 S1~S8 表示，如图 6.7 所示。目前 S1 为保留位，且必须设置成 OFF 状态；实际使用地址用 S2~S8 表示，其中 S2 为高位，S8 为低位，开关拨成"ON"状态表示该位的二进制码为 1。

表 6.2 为主控制卡 S2~S8 地址设置对应表。

图 6.7　SW1 拨码开关

表 6.2　地址设置对应表

地址选择 SW1							
S2	S3	S4	S5	S6	S7	S8	地址
OFF	OFF	OFF	OFF	OFF	ON	OFF	02
OFF	OFF	OFF	OFF	OFF	ON	ON	03
OFF	OFF	OFF	OFF	ON	OFF	ON	04
OFF	OFF	OFF	OFF	ON	OFF	ON	05
OFF	OFF	OFF	OFF	ON	ON	OFF	06
OFF	OFF	OFF	OFF	OFF	ON	ON	07
⋮	⋮	⋮	⋮	⋮	⋮	⋮	⋮
ON	ON	ON	ON	ON	OFF	ON	125
ON	ON	ON	ON	ON	ON	OFF	126
ON	ON	ON	ON	ON	ON	ON	127

4. 数据转发卡介绍

数据转发卡 XP233 是主控制卡连接 I/O 卡件的中间环节,它一方面驱动 SBUS 总线,另一方面管理本机笼的 I/O 卡件。通过数据转发卡,一块主控制卡 XP243X 可扩展 1~8 个卡件机笼,即可以扩展 1~128 个不同功能的 I/O 卡件。图 6.8 为 XP233 数据转发卡与 SBUS 总线连接示意。

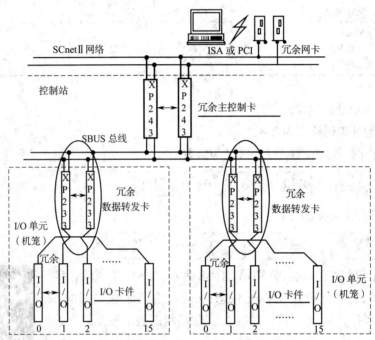

图 6.8　XP233 数据转发卡与 SBUS 总线连接示意

图 6.9 为数据转发卡面板,LED 状态指示灯分别是 FAIL(卡件故障指示)、RUN(卡件运行指示)、WORK(工作/备用指示)、COM(数据通信指示)和 POWER(电源指示)。

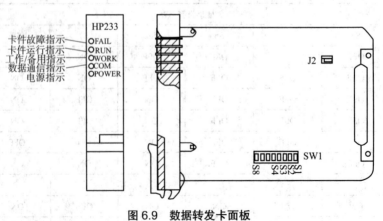

图 6.9　数据转发卡面板

1)地址设置规范

XP233 卡件上共有八对跳线,其中四对跳线 S1~S4 采用二进制码计数方法读数,用于设置卡件在 SBUS 总线上的地址，S1 为低位（LSB），S8 为高位（MSB）。跳线用跳线插上为 ON，不插上为 OFF。XP233 跳线 S1~S4 与地址的关系见表 6.3。

表 6.3　XP233 跳线 S1~S4 与地址的关系

地址选择跳线				地址	地址选择跳线				地址
S4	S3	S2	S1		S4	S3	S2	S1	
OFF	OFF	OFF	OFF	00	ON	OFF	OFF	OFF	08
OFF	OFF	OFF	ON	01	ON	OFF	OFF	ON	09
OFF	OFF	ON	OFF	02	ON	OFF	ON	OFF	10
OFF	OFF	ON	ON	03	ON	OFF	ON	ON	11
OFF	ON	OFF	OFF	04	ON	ON	OFF	OFF	12
OFF	ON	OFF	ON	05	ON	ON	OFF	ON	13
OFF	ON	ON	OFF	06	ON	ON	ON	OFF	14
OFF	ON	ON	ON	07	ON	ON	ON	ON	15

按不冗余方式配置（即单卡工作时），XP233 卡的地址必须符合以下要求：

（1）I 必须为偶数，$0 \leqslant I < 15$；

（2）$I+1$ 的地址被占用，不可用作其他节点地址；

（3）在同一个控制站内，把 XP233 卡配置为不冗余工作时，只能选择偶数地址号，即 0#、2#、4# 等。

冗余方式配置时，两个 XP233 卡的 SBUS 总线地址必须符合以下需求：

（1）I 与 $I+1$ 号卡连续；

（2）I 必须为偶数，$0 \leqslant I < 14$。

（3）XP233 卡地址在同一 SBUS 总线中，即同一控制站内统一编址，不可重复。SW1 拨位开关的 S5~S7 为系统保留资源。

2）扩展连接方法

一个主控制卡 XP243X 最多能连接 16 个数据转发卡 XP233。主控制卡 XP243X 的冗余配置情况：2 个互为冗余的主控制卡 XP243X 作为 1 个主控制卡处理，最多也只能连接 16 个数据转发卡 XP233。

SBUS 总线为冗余串行总线，用于主控制卡与数据转发卡的连接。当主控制卡与数据转发卡位于同一机笼内时，SBUS 总线无须外部连线；与扩展机笼的数据转发卡 XP233 连接时，SBUS 总线需要通过机笼背面的"SBUS"插头来与外部连线。所有扩展机笼与主机笼（内部插有主控制卡 XP243X）的"SBUS"插头的 8 个端子——对应连线，不必交叉。当机笼间距离超过 200 m 时，SBUS 总线需要通过中继器来连接。

5. I/O 卡件介绍

JX-300XP 系统的 I/O 卡件采用了全智能化设计，实现了控制站内部数据传输的数字化，并采用智能调理和先进信号前端处理技术，降低了信号调理的复杂性，减轻了主控制卡的负荷,加快了系统的信号处理速度,提高了整个系统的可靠性。卡件内部采用专用的工业级、低功耗、低噪声微控制器,负责该卡件的控制、检测、运算、处理、传输以及故障诊断等工作。

表 6.4 为 JX-300XP 系统的常用 I/O 卡件。

表 6.4　JX-300XP 常用 I/O 卡件

型号	卡件名称	性能及输入 / 输出点数
XP313	电流信号输入卡	6 路输入,可配电,分组隔离,可冗余
XP313I	电流信号输入卡	6 路输入,可配电,点点隔离,可冗余
XP314	电压信号输入卡	6 路输入,分组隔离,可冗余
XP314I	电压信号输入卡	6 路输入,点点隔离,可冗余
XP316	热电阻信号输入卡	4 路输入,分组隔离,可冗余
XP316I	热电阻信号输入卡	4 路输入,点点隔离,可冗余
XP322	模拟信号输出卡	4 路输出,点点隔离,可冗余
XP361	电平型开关量输入卡	8 路输入,统一隔离
XP362	晶体管触点开关量输出卡	8 路输出,统一隔离
XP363	触点型开关量输入卡	8 路输入,统一隔离
XP000	空卡	I/O 槽位保护板

1)电流信号输入卡 XP313/XP313I

XP313/XP313I 卡接收 6 路的标准 Ⅱ、Ⅲ 型电流信号,并可为 6 路变送器提供 +24 V 隔离配电电源。其中:XP313 卡是分组隔离型卡件,第 1、2、3 通道为第 1 组,第 4、5、6 通道为第 2组;XP313I 卡是点点隔离型卡件。XP313/XP313I 信号类型见表 6.5。

表 6.5　XP313 卡信号类型

信号类型	测量范围	精度
标准电流(Ⅱ型)	DC 0~10 mA	± 0.2%FS
标准电流(Ⅲ型)	DC 4~20 mA	± 0.2%FS

卡件冗余和配电均由单独的跳线设置。卡件可单独工作,也能以冗余方式工作,单卡工作时可任意放置槽位,而冗余工作时的 2 个卡件必须放置在 I、I +1 槽位,I 为偶数。

面板上的 ACI 表示模拟信号电流输入卡,J2、J4、J5 为冗余跳线(表 6.6),JP1~JP6 为配电跳线(表 6.7)。

表 6.6　冗余跳线设置

功能	跳线		
	J2	J4	J5
单卡工作	1-2	1-2	1-2
冗余工作	2-3	2-3	2-3

表 6.7　配电跳线设置

功能	跳线					
	第一路 JP1	第二路 JP2	第三路 JP3	第四路 JP4	第五路 JP5	第六路 JP6
需要配电	1-2	1-2	1-2	1-2	1-2	1-2
不需配电	2-3	2-3	2-3	2-3	2-3	2-3

CHX+ 表示 X 通道正端，CHX- 表示 X 通道负端。例如，1 通道的正、负端为 CH1+、CH1-。NC 表示该端子不接线。

2）电压信号输入卡 XP314/XP314I

XP314/XP314I 卡是智能型带有模拟量信号调理的 6 路模拟信号采集卡，每一路分别可接收 II 型、III 型标准电压信号、毫伏信号、各种型号的热电偶信号，将其调理后再转换成数字信号并通过数据转发卡 XP233 送给主控制卡 XP243X。当其在处理热电偶信号时，具有冷端温度补偿功能。XP314/XP314I 信号类型见表 6.8。

表 6.8　XP314/XP314I 信号类型

输入信号类型	测量范围	精度	其他
B 型热电偶信号	0~1 800 ℃	±0.2%FS	
E 型热电偶信号	-200~900 ℃	±0.2%FS	
J 型热电偶信号	-40~750 ℃	±0.2%FS	
K 型热电偶信号	-200~1 300 ℃	±0.2%FS	冷端补偿误差
S 型热电偶信号	200~1 600 ℃	±0.2%FS	±1 ℃
T 型热电偶信号	-100~400 ℃	±0.2%FS	
毫伏	0~100 mV	±0.2%FS	
毫伏	0~20 mV	±0.2%FS	
标准电压	0~5 V	±0.2%FS	
标准电压	1~5 V	±0.2%FS	

XP314 卡为分组隔离型卡件，6 路信号调理分为两组，其中 1、2、3 通道为第一组，4、5、6 通道为第二组。XP314I 卡为点点隔离型卡件。

卡件可单独工作，也能以冗余方式工作。冗余工作时，两卡地址必须是 I 和 $I+1$，I 为偶数。

3）热电阻信号输入卡 XP316/XP316I

XP316/XP316I 卡是智能型分组隔离专用于测量热电阻信号的可冗余的四路 A/D 转换卡。每一路可单独组态并可以接收 Pt100、Cu50 两种热电阻的信号，将其调理后转换成数字信号并通过数据转发卡 XP233 送给主控制卡 XP243X。

XP316 卡为分组隔离型卡件，其中 1、2 通道为第一组，3、4 通道为第二组。XP316I 卡为点点隔离型卡件。

卡件可单独工作，也能以冗余方式工作，冗余工作时卡件的地址设置同 XP313。

XP316/XP316I 信号类型见表 6.9。

表 6.9 XP316/XP316I 信号类型

输入信号类型	测量范围	精度
Pt100 热电阻信号	−148~850 ℃	± 0.2%FS
Cu50 热电阻信号	−50~150 ℃	± 0.2%FS

面板上的 RTD 表示热电阻信号输入卡；冗余跳线 J2 在单卡工作时跳 1-2，冗余工作时跳 2-3。

4）模拟量输出卡 XP322

XP322 卡为 4 路点点隔离型电流（Ⅱ型或Ⅲ型）信号输出卡。作为带 CPU 的高精度智能化卡件，XP322 具有实时检测输出信号的功能，允许主控制卡监控输出电流。

面板上的 AO 表示模拟信号输出卡；冗余跳线 JP1 在单卡工作时跳 1-2，冗余工作时跳 2-3。

通过 JP3~JP6 可以分别对每个通道选择不同的带负载能力，具体设置详见表 6.10。

表 6.10 XP322 负载设置

跳线编号	通道号	负载能力	
		LOW 档	HIGH 档
JP3	1 通道	Ⅱ型 1.5 kΩ Ⅲ型 750 Ω	Ⅱ型 2 kΩ Ⅲ型 1 kΩ
JP4	2 通道	Ⅱ型 1.5 kΩ Ⅲ型 750 Ω	Ⅱ型 2 kΩ Ⅲ型 1 kΩ
JP5	3 通道	Ⅱ型 1.5 kΩ Ⅲ型 750 Ω	Ⅱ型 2 kΩ Ⅲ型 1 kΩ
JP6	4 通道	Ⅱ型 1.5 kΩ Ⅲ型 750 Ω	Ⅱ型 2 kΩ Ⅲ型 1 kΩ

使用 XP322 卡时，对于有组态但没有使用的通道有如下要求。

（1）接上额定值以内的负载或者直接将正负端短接。

（2）组态为Ⅱ型标准电流信号时，设定其输出值为 0 mA；组态为Ⅲ型标准电流信号时，设定其输出值为 20 mA。

对于上述两个要求,在实际使用中视情况只采用其中一种即可。对于没有组态的通道则无须满足上述要求。

5)触点型开关量输入卡 XP363

XP363 卡是智能型 8 路干触点开关量输入卡,采用光电隔离,卡件提供隔离的 DC 24 V/48 V 巡检电压,具有自检功能。

面板上的 DI 表示数字信号输入卡。巡检电压选择 24 V 时,J1 短路,J2 断开;巡检电压选择 48 V 时,J2 短路,J1 断开。CH1~CH8 为开关状态指示灯。

6)开关量输出卡 XP362

XP362 卡是智能型 8 路无源晶体管开关触点输出卡,可通过中间继电器驱动电动执行装置,采用光电隔离,不提供中间继电器的工作电源,具有输出自检功能。

面板上的 DO 表示数字信号输出卡,其他面板指示灯同 XP363。

6.3.2　操作站硬件

操作站负责显示控制站采集的信号点,并下达操作员的命令到控制站,同时对一些实时或历史数据进行保存,是 DCS 中不可缺少的硬件组成部分,如图 6.10 所示。

操作站的硬件基本组成包括:工控机(Industrial Personal Computer, IPC)、彩色显示器、鼠标、键盘、SCnet Ⅱ网卡、专用操作员键盘(可选)、操作台、打印机等。

工程师站的硬件配置与操作站的基本一致,无特殊要求,区别仅在于系统软件的配置不同,工程师站除了装有操

图 6.10　操作站

作、监视等基本功能的软件外,还装有相应的系统组态、系统维护等应用工具软件。

1. 工控机(XP001/XP002)

操作站的硬件以高性能的工控机为核心,具有超大容量的内部存储器和外部存储器,可以根据用户的需要选择 22″ /17″ 显示器。通过配置两个冗余的 10 Mbps SCnet Ⅱ网络适配器,实现与系统过程控制网连接。操作站可以是一机多显示器,并配置有 XP032 键盘、鼠标(或轨迹球)等外部设备。工控机配置示例见表 6.11。

表 6.11　工控机配置示例

部件型号	部件名称	备注
XP001	22″ 操作站/工程师站	DELL 22″ 彩色显示器 1 台,操作台 1 张,工控机 1 台
XP002	17″ 操作站/工程师站	DELL 17″ 彩色显示器 1 台,操作台 1 张,工控机 1 台

2. 操作员键盘（OP032）

OP032 操作员键盘为配套 AdvanTrol 软件和 AdvanTrol-Pro 软件使用的专用键盘，用于实现人机交互功能。使用 OP032 操作员键盘，可以实现数字输入、画面切换、用户自定义键等功能。键盘具有一种安全机制，即按住某个按键不释放时，键盘只发一次键码，当有按键没有释放时键盘不响应其他按键动作。

OP032 操作员键盘通过通用串行总线（USB）接口与计算机相连，具有热插拔和即插即用的特点。在 Windows 2000 及以上版本的操作系统下无须手动安装驱动程序。

OP032 操作员键盘共有 81 个按键，分为 6 个区域，分别是：自定义区（Custom），有 24 个键；功能键区（F1~F12），有 12 个键；参数调整区（Param Adjust），有 12 个键，其中 4 个是冗余配置的；画面切换区（UI Switch），有 16 个键；数字输入区（Data Modify），有 15 个键；报警操作区（ALM Operate），有 2 个键。OP032 操作员键盘如图 6.11 所示。

图 6.11　OP032 操作员键盘

6.3.3　网络硬件

JX-300XP 系统采用成熟的计算机网络通信技术，构成高速的冗余数据传输网络，实现过程控制实时数据及历史数据的及时传送。

JX-300XP 系统的通信网络共有四层，分别是：管理信息网、过程信息网、过程控制网（SCnet Ⅱ网络）和 I/O 总线（SBUS 总线）。系统网络结构如图 6.12 所示。

由于集散控制系统中的通信网络担负着传递过程变量、控制命令、组态信息以及报警信息等任务，所以网络的结构形式、层次以及组成网络后所表现的灵活性、开放性、传输方式等方面的性能十分重要。

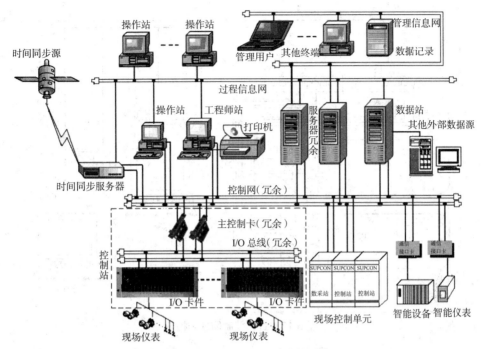

图 6.12　JX-300XP 系统网络结构

1. 管理信息网

管理信息网采用通用的以太网技术,用于工厂级的信息传输和管理,是实现全厂综合管理的信息通道。该网络通过服务器站获取系统运行中的过程参数和运行信息,同时也向下传输上层管理计算机的调度指令和生产指导信息。管理信息网采用大型网络数据库,实现信息共享,并可将各个装置的控制系统连入企业管理信息网,实现工厂级的综合管理、调度、统计、决策等。

2. 过程信息网

过程信息网可采用 C/S 网络模式(对应 SupView 软件包)或对等 C/S 网络模式(对应 AdvanTrol-Pro 软件包)。过程信息网可实现操作节点之间包括实时数据、实时报警、历史趋势、历史报警、操作日志等的实时数据通信和历史数据查询。

3. 过程控制网(SCnet Ⅱ 网)

JX-300XP 系统采用了高速冗余工业以太网 SCnet Ⅱ 作为其过程控制网络。它直接连接了系统的控制站和操作节点,是传输过程控制实时信息的通道,具有很高的实时性和可靠性,通过挂接服务器站,SCnet Ⅱ 可以与上层的管理信息网、过程信息网及其他厂家设备连接。

过程控制网的结构如图 6.13 所示。

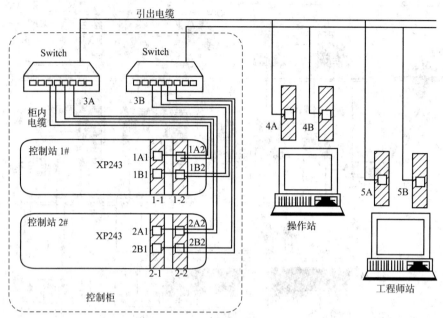

图 6.13　过程控制网的结构

在图中冗余的过程控制网分别称作 A 网和 B 网。过程控制网采用了以太网技术,网中的各个节点地址设置遵循 TCP/IP 协议,下面简单介绍一下。

1)控制站地址设置

控制站作为过程控制网的一个节点,其通信任务由主控制卡来完成,为此必须给主控制卡分配一个网络地址。主控制卡网络地址遵循表 6.12 的约定。

表 6.12　主控制卡网络地址约定

地址范围		备注
网络码	地址码	
128.128.1	2~127	每个控制站包括两个互为冗余主控制卡。两个互为冗余的主控制卡使用相同的地址码和不同的网络码,构成不同的 IP 地址(IP 地址由网络码和地址码组成,如 128.128.1.2)
128.128.2	2~127	

网络码 128.128.1 和 128.128.2 代表两个互为冗余的网络,A 网的网络码是 128.128.1,B 网的网络码是 128.128.2。在主控制卡上表现为两个冗余的通信口,主控卡面板上的 PORT-A 端口网络码为 128.128.1, PORT-B 端口网络码为 128.128.2。主控制卡的网络码已固定在主控制卡中,无须用户设置。对主控制卡仅需设置地址码,可通过主控制卡上的一组拨码开关 SW2 进行设置(参看主控制卡 XP234)。

2)操作站地址设置

操作站配置了两个网卡,分别连接 A 网和 B 网,A 网的网络码是 128.128.1,B 网的网络码是 128.128.2。网络地址遵循表 6.13 的约定。

表 6.13　操作站网络地址约定

地址范围		备注
网络码	地址码	
128.128.1	129~200	每个操作站包括两个互为冗余的网卡。两个互为冗余的网卡使用相同的地址码,但
128.128.2	129~200	设置不同的网络码

地址设置步骤:以 Windows 2000 系统为例,在系统桌面上右键单击"网络邻居",打开"属性",在相应网卡设置中选择"TCP/IP"协议,然后输入 IP 地址,并填入子网掩码"255.255.255.0",单击"确定"即可。

如果操作站配置了第三个网卡用来连接过程信息网,其地址设置方法与设置过程控制网类似,它的网络码是 128.128.5,地址码与过程控制网的地址码相同,如图 6.14 所示。

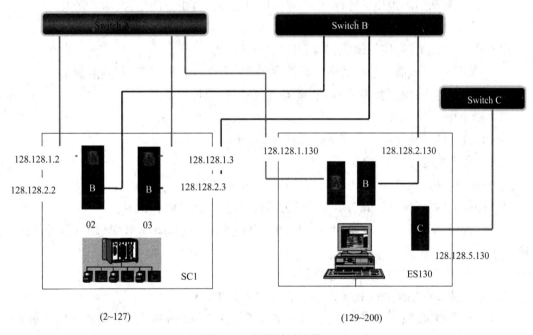

图 6.14　网络地址设置

4. I/O 总线(SBUS 总线)

SBUS 总线分为两层:第一层为双重化总线 SBUS-S2,是系统的现场总线,物理上位于所管辖的卡件机笼之间,连接了主控制卡和数据转发卡,用于两者的信息交换;第二层为 SBUS-S1 网络,物理上位于各卡件机笼内,连接了数据转发卡和各 I/O 卡件,用于它们之间的信息交换。主控制卡通过 SBUS 总线来管理分散于各个机笼内的 I/O 卡件。

任务 4　JX-300XP 系统的组态

6.4.1　JX-300XP 系统软件 AdvanTrol-Pro

AdvanTrol-Pro 软件是基于 Windows 操作系统的自动控制应用软件平台,在 JX-300XP 系统中完成系统组态、数据服务和实时监控等功能。

1. AdvanTrol-Pro 软件的功能特点

(1)采用多任务、多线程机制,32 位代码。

(2)良好的开放性能。

(3)系统组态结构清晰,界面操作方便。

(4)控制算法组态采用国际标准,实现图形组态与语言组态的结合,功能强大。

(5)流程图功能强大,使用方便。

(6)报表功能灵活,应用简捷,并具有二次计算能力。

(7)采用大容量、高吞吐量的实时数据库和两级分层(分组分区)的数据结构。

(8)操作节点数据更新周期为 1 s,动态参数刷新周期为 1 s。

(9)按键响应时间≤ 0.2 s。

(10)流程图完整显示时间≤ 2 s,其余画面≤ 1 s。

(11)命令响应时间≤ 0.5 s。

(12)实时和历史趋势操作灵活,支持历史数据离线浏览。

(13)强大的报警管理功能,可以分区分级设置报警,支持语音报警。

(14)提供基于应用程序接口(Application Programming Interface, API)的多种数据访问接口。

(15)系统安全、可靠,长期运行稳定。

(16)支持 ModBus、ProfiBus 数据连接和 OPC 数据通信。

(17)在网络策略和数据分组的基础上实现了具有对等 C/S 模式特征的过程信息服务。

(18)支持在线下载功能。

(19)支持多人组态服务。

2. 过程信息服务功能

AdvanTrol-Pro 软件使 JX-300XP 系统在网络策略和数据分组的基础上实现了具有对等 C/S 特征的过程信息网(也称为操作网),在该过程信息网上可向用户(客户端)提供操作节点之间包括实时数据、实时报警、历史趋势、历史报警、操作日志等的实时数据通信和历史数据查询服务。

1)实时数据服务

服务器向客户端发送数据:对于某一个数据组而言,客户端发现有主服务器存在,则向主服务器申请位号,主服务器定时发送数据给客户端,当客户端不需要这些数据时,主服务器在继续发送一段时间后停止发送。

客户端向服务器发送数据(数据回写):客户端利用流程图等工具通过过程信息网向主服务器发送数据。注意,如果本站为客户端,则通过任务的置值动作无效。

2)实时报警服务

对于某一个数据组而言,主服务器主动判断是否有客户端,并进行实时报警的发送。冗余服务器也是接收来自主服务器的报警。报警中有产生时间和确认时间。

实时报警的主服务器、冗余服务器和客户端所进行的报警确认是通过过程信息网传送到其他实时报警的主服务器、冗余服务器和客户端的。实时报警为本地的操作节点所进行的报警确认只对本操作节点有效。

3)历史趋势服务

在查询历史趋势时,如果本站的某一数据组策略设置为服务器或者本地连接,则查询本站记录的趋势,如果本站是客户端,则查询趋势主服务器记录的趋势。

4)历史报警服务

在查询历史报警时,如果本站的某一数据组策略设置为服务器或者本地连接,则查询本站记录的报警,如果本站是客户端,则查询报警主服务器记录的报警。

5)操作日志服务

操作日志是针对操作节点而言的。设置为本地连接或者服务器的操作节点,记录在本站产生的操作记录,设置为客户端的操作节点,发送操作记录到主服务器和冗余服务器。

在查询操作日志时,如果本站是主(冗余)服务器或者本地连接,则查询本站记录的操作日志,如果本站是客户端,则查询操作记录主服务器记录的操作日志。

6)时间同步功能

系统可接入全球定位系统(Global Positioning System,GPS)时钟源信号,并通过简单网络时间协议(Simple Network Time Protocal,SNTP)实现整个控制系统的时间同步,亦可在控制系统中设置时间同步服务器,以该服务器时间为基准,实现系统的时间同步。

3.AdvanTrol-Pro 软件的构成

AdvanTrol-Pro 软件可分为两大部分:一部分为系统组态软件,包括用户授权软件(SCSecurity)、系统组态软件(SCKey)、图形化编程软件(SCControl)、语言编程软件(SCLang)、流程图制作软件(SCDrawEx)、报表制作软件(SCFormEx)、二次计算组态软件(SCTask)、ModBus 协议外部数据组态软件(AdvMBLink)等;另一部分为系统运行监控软件,包括实时监控软件(AdvanTrol)、数据服务软件(AdvRTDC)、数据通信软件(AdvLink)、报警记录软件(AdvHisAlmSvr)、趋势记录软件(AdvHisTrdSvr)、ModBus 数据连接软件(AdvMBLink)、OPC 数据通信软件(AdvOPCLink)、OPC 服务器软件(AdvOPCServer)、网络管理和实时数据传输软件(AdvOPNet)、历史数据传输软件(AdvOPNetHis)、网络文件传输软件(AdvFileTrans)等。

系统运行监控软件安装在操作员站和运行的服务器、工程师站中,通过各软件的相互配合,可实现控制系统的数据显示、数据通信及数据保存。

系统组态软件通常安装在工程师站,各功能软件之间通过对象链接与嵌入技术,动态地实现模块间各种数据、信息的通信、控制和管理。这部分软件以系统组态软件 SCKey 为核心,各模块彼此配合,相互协调,共同构成一个系统结构及功能组态的软件平台。

1)用户授权软件(SCSecurity)

在软件中,用户的等级分为 8 级,分别为操作员 -、操作员、操作员 +、工程师 -、工程师、工程师 +、特权 -、特权 +。不同等级的用户拥有不同的授权设置,即拥有不同范围的操作权限。对每个用户也可专门指定(或删除)其某种授权。Admin 为管理员,用户等级为特权 +,权限最高。用户授权软件(SCSecurity)界面如图 6.15 所示。

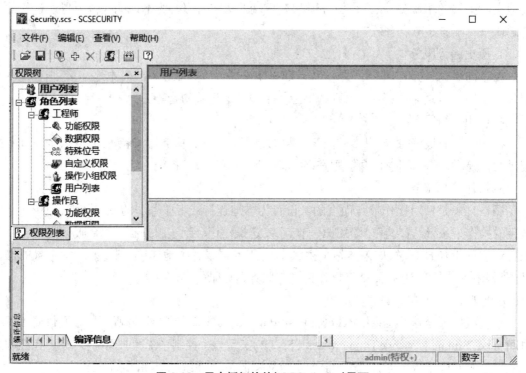

图 6.15　用户授权软件(SCSecurity)界面

2)系统组态软件(SCKey)

系统组态软件(SCKey)系统主要完成 DCS 的系统组态工作,包括:设置系统网络节点、冗余状况、系统控制周期;配置控制站内部各类卡件的类型、地址、冗余状况等;设置每个 I/O 点的类型、处理方法及完成其他特殊的设置;设置监控标准画面信息;常规控制方案组态等。系统所有组态工作完成后,最后要在该软件中进行系统的联编、下载和传送。该软件操作方便,并且充分支持各种控制方案。

系统组态软件界面中设计有组态树窗口,用户从中可以清晰地看到从控制站直至信号点的各层硬件结构及其相互关系,也可以看到操作员站上各种操作画面的组织方式。

系统组态软件(SCKey)通过简明的下拉菜单和弹出式对话框建立友好的人机交互界面,并大量采用 Windows 的标准控件,使操作保持一致性,易学易用。另外,系统组态软件还提供了强大的在线帮助功能,当用户在组态过程中遇到问题时,只需按 F1 键或选择菜单中的"帮助"项,就可以随时得到帮助提示。

系统组态软件(SCKey)界面如图 6.16 所示。

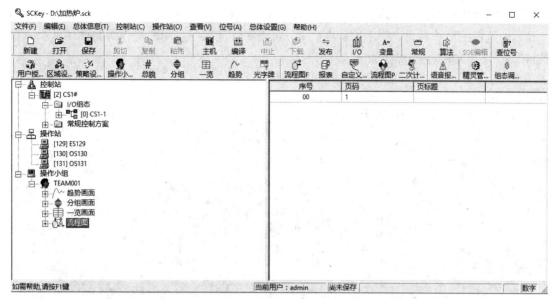

图 6.16　系统(SCKey)组态软件界面

3)二次计算组态软件(SCTask)

二次计算组态软件(SCTask)是 AdvanTrol-Pro 软件的重要组成部分,用于组态上位机位号、事件、任务,数据提取设置等,目的是在控制系统中实现二次计算功能、提供更丰富的报警内容、支持数据的输入输出等。把控制站的一部分任务由上位机来做,既提高了控制站的工作速度和效率,又可以提高系统的稳定性。二次计算组态软件具有严谨的定义、强大的表达式分析功能和人性化的操作界面。

二次计算组态软件(SCTask)界面如图 6.17 所示。

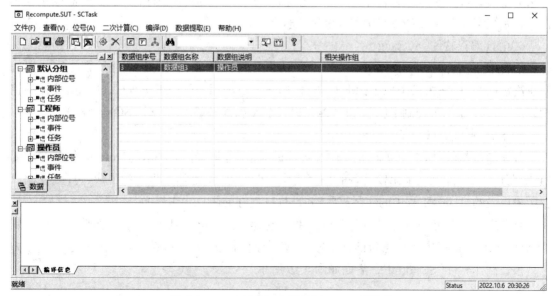

图 6.17　二次计算组态软件(SCTask)界面

4）流程图制作软件（SCDrawEx）

流程图制作软件（SCDrawEx）是 AdvanTrol-Pro 软件的重要组成部分,是一个具有良好用户界面的流程图制作软件,为用户提供了一个功能完备且简便易用的流程图制作环境。流程图制作软件（SCDrawEx）界面如图 6.18 所示。

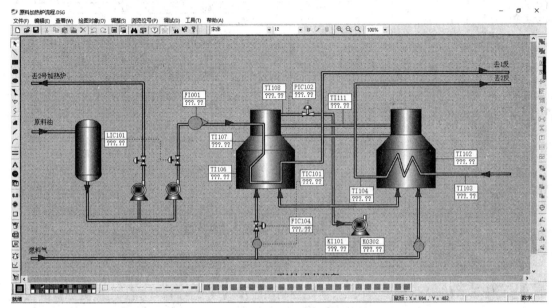

图 6.18　流程图制作软件（SCDrawEx）界面

5）图形化编程软件（SCControl）

图形化编程软件（SCControl）是用于编制系统控制方案的图形编程工具。图形化编程软件集成了 LD 编辑器、FBD 编辑器、SFC 编辑器、ST 语言编辑器、数据类型编辑器、变量编辑器。在系统组态软件（SCKey）中可以调用该软件。

6）语言编程软件（SCLang）

语言编程软件（SCLang）又叫 SCX 语言,是控制系统控制站的专用编程语言。SCX 语言属于高级语言,语法风格类似于标准 C 语言,用户可以利用该软件编写程序,实现所设计的控制算法。（247 系列主控制卡（包括 FW247、FW243X 和 XP243X）不支持 SCX 语言）。

7）报表制作软件（SCFormEx）

报表制作软件（SCFormEx）是全中文界面的制表工具软件,是 AdvanTrol-Pro 软件的重要组成部分。该软件提供了比较完备的报表制作功能,能够满足实时报表的生成、打印、存储以及历史报表的打印等工程中的实际需要,并且具有良好的用户操作界面。

自动报表系统分为组态（即报表制作）和实时运行两部分。其中,报表制作部分在报表制作软件（SCFormEx）中实现,实时运行部分与实时监控软件（AdvanTrol）集成在一起。

报表制作软件（SCFormEx）界面如图 6.19 所示。

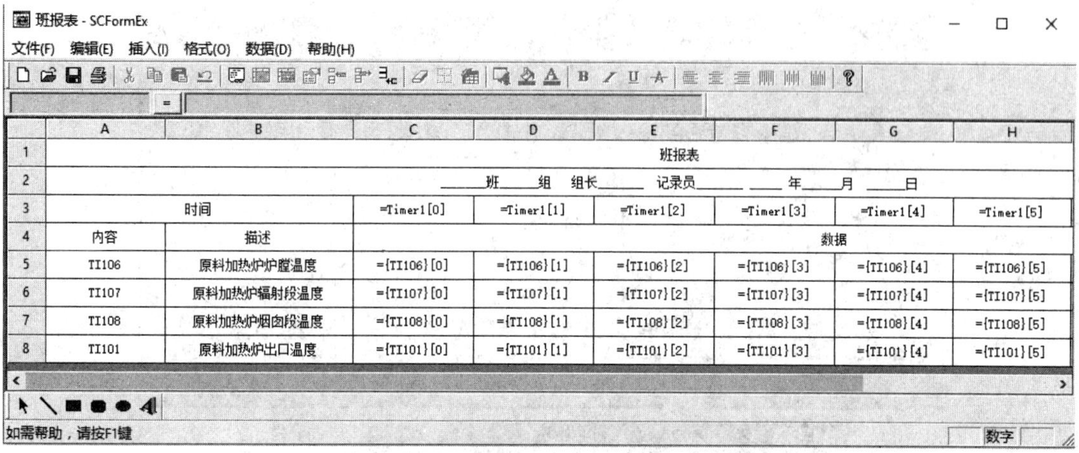

图 6.19　报表制作软件(SCFormEx)界面

8)实时监控软件(AdvanTrol)

实时监控软件(AdvanTrol)是控制系统的上位机监控软件,用户界面友好。其基本功能是数据采集和数据管理。它可以从控制系统或其他智能设备采集数据以及管理数据,进行过程监视(图形显示)、控制、报警、报表、数据存档等。实时监控软件(AdvanTrol)所有的命令都化为形象直观的功能图标,通过鼠标和操作员键盘的配合使用,可以方便地完成各种监控操作。

9)故障分析软件(SCDiagnose)

故障分析软件是进行设备调试、性能测试及故障分析的重要工具。故障分析软件(SCDiagnose)的主要功能包括:故障诊断、节点扫描、网络响应测试、控制回路管理、自定义变量管理等。

6.4.2　JX-300XP 系统软件组态

系统软件组态是指对集散控制系统的软、硬件构成进行配置。SCKey 系统组态软件可以建立友好的人机交互界面,易学易用。该软件采用分类的树状结构管理组态信息,能够清晰把握系统的组态状况。另外,提供了强大的在线帮助功能,当用户在组态过程中遇到问题时,只需按 F1 键或选择菜单中的"帮助"项,即可随时得到帮助。

1. 启动及新建组态

在 Windows 操作系统的桌面上双击图标或选择"开始"→"程序"→"AdvanTrol-Pro (V2.65)"→"系统组态",将弹出"SCKey 文件操作"对话框,点击"新建组态"按钮,弹出"用户登录"对话框。初始状态下,每个组态都有一个超级用户 admin,初始密码为 supcondcs,如图 6.20 所示。系统规定只有工程师及其以上权限的用户才能登录系统组态软件进行组态操作。admin 的用户等级为特权 +,权限最高。

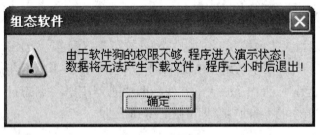

图 6.20　用户登录

点击"用户登录"对话框中的"登录"按钮,弹出如图 6.21 所示的运行提示。

图 6.21　运行提示

软件狗又名加密狗,为配合软件正常使用,需给特定的软件配置相应的软件狗。如果没有软件狗,则软件在运行一段时间后会自动退出,并且软件部分功能受限。

点击"确定"按钮,弹出如图 6.22 所示的保存组态提示。

图 6.22　保存组态提示

点击图 6.22 中的"确定"按钮为新的组态文件指定存放路径,如图 6.23 所示。

图 6.23　保存路径选择

通常把 D 盘作为组态运行盘, E 盘作为组态备份盘,因此选择 D 盘作为组态文件存放位置。在"文件名"后输入相应的项目名称,如"加热炉",点击"保存"按钮,即可进入组态界面。

新建组态文件的时候,系统会生成扩展名为".sck"的组态文件,同时,在同一个目录下系统会自动生成一个和组态文件同名的文件夹,如图 6.24 所示,本例中组态文件名为"加热炉"。该文件夹下面包含着一些小的文件夹,如图 6.25 所示。这些小文件夹具体的名称和作用如下。

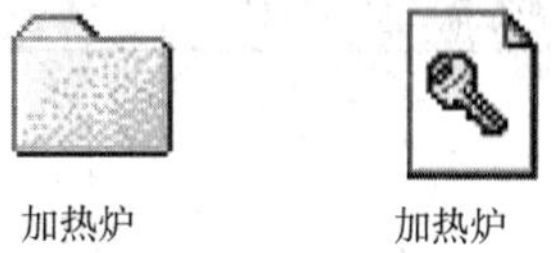

（1）Control:存放图形化组态文件。

（2）Flow:存放流程图文件。

（3）Lang:存放 SCX 语言文件。

（4）Report:存放报表文件。

（5）Run:存放运行文件,如 *.scc、*.sco 等文件。

（6）Temp:存放临时文件。

加热炉　　　加热炉

图 6.24　组态文件

图 6.25　组态文件夹

在组态中,所绘制的流程图、制作的报表、编写的程序等都需要正确的存放在相应的文件夹中。

2. 组态界面

在图 6.23 的"文件名"后输入新建组态的名称,如加热炉,点击"保存"按钮,进入系统组态界面,如图 6.26 所示。

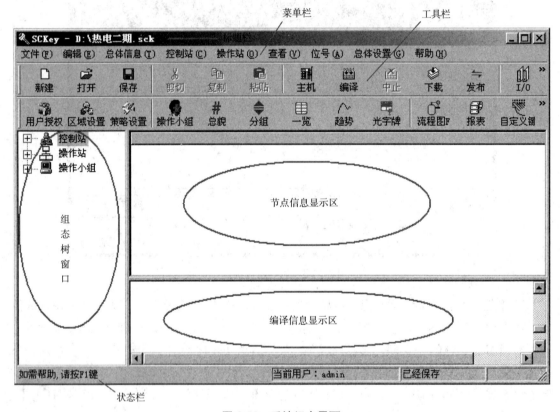

图 6.26　系统组态界面

菜单栏:显示经过归纳分类后的菜单项,包括文件、编辑、总体信息、控制站、操作站、查看、位号、总体设置和帮助 9 个菜单项,每个菜单项含有子菜单。

工具栏:将常用的菜单命令和功能图形化为工具图标,集中到工具栏上。工具栏图标涵盖了系统组态软件中的大部分功能。

状态栏:显示当前的操作信息及功能提示。当鼠标光标移动到工具栏图标或菜单命令上时,状态栏显示该图标或菜单命令功能的简单介绍。

组态树窗口:显示当前组态的控制站、操作站及操作小组的总体情况。

节点信息显示区:显示某个节点(包括左边组态树中任意一个项目)的具体信息。

编译信息显示区:显示组态编译的详细信息,当出现错误时,双击某条错误信息可进入相应的修改界面。

3. 组态步骤

组态步骤如图 6.27 所示。

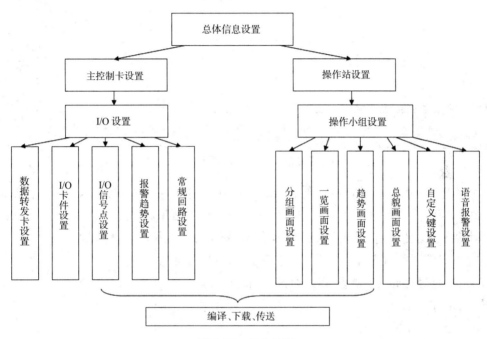

图 6.27   组态步骤

在系统组态界面中,"总体信息"菜单用于对系统总体结构的组态与操作。组态开始和结尾的操作命令都在此菜单中。按照上图的组态步骤先进行系统总体信息设置(即主机设置)。

4. 系统硬件配置

建立了新的组态文件以后,首先进行主机设置,主机设置是指对系统控制站(主控制卡)、操作站以及工程师站的相关信息进行配置,包括各个控制站的地址、控制周期、通信、冗余情况、各个操作站或工程师站的地址等一系列设置工作。

1)添加主控制卡

点击菜单栏中的"总体信息"→"主机设置"或点击工具栏中的主机图标 ,弹出"主机设置"对话框,如图 6.28 所示。

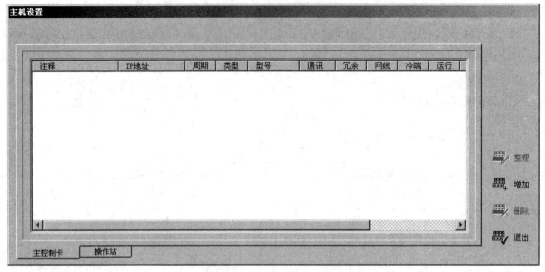

图 6.28　"主机设置"对话框

　　"主机设置"对话框包括"主控制卡"和"操作站"设置标签。"主控制卡"用于完成控制站（主控制卡）设置；"操作站"用于完成操作站（工程师站、数据站和操作站）设置。点击"主机设置"对话框下方的"主控制卡"标签或"操作站"标签可进入相应的设置界面。

　　在主机设置界面右边有一组命令按钮用于进行设置操作。

　　整理：对已经完成的节点设置按地址顺序排列。

　　增加：增加一个节点。

　　删除：删除指定的节点。

　　退出：退出主机设置。

　　选择"主控制卡"标签，点击"增加"按钮，增加控制站，如图 6.29 所示。

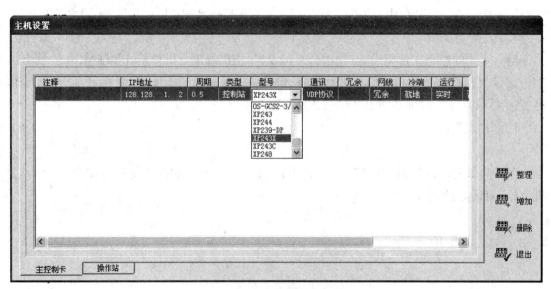

图 6.29　增加控制站

一个主控制卡或一对冗余配置的主控制卡实际上代表了一个控制站,因为一个控制站只含有一个主控制卡或者一对冗余配置的主控制卡。

若项目中有多个控制站,可点击"增加"按钮继续增加控制站。增加的第二个控制站的 IP 地址是 128.128.1.4,这符合主控制卡的地址规则,若没有采取冗余,奇数位地址将被系统保留。

2)添加数据转发卡

点击菜单栏中的"控制站"→"I/O 组态"或点击工具栏中的 I/O 图标 ，弹出"IO 输入"对话框,如图 6.30 所示。在"IO 输入"对话框的左下角,有"数据转发卡""I/O 卡件"和"I/O 点"三个标签,选择相应标签可进行相应的组态设置,右边 4 个按钮功能同"主机设置"对话框。

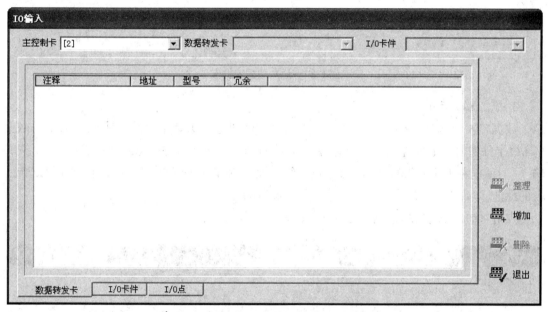

图 6.30   "IO 输入"对话框

数据转发卡组态是对某一控制站内的数据转发卡的冗余情况、卡件在 SBUS-S2 网络上的地址进行组态。在"IO 输入"对话框中,选择"数据转发卡"标签。界面上方有一"主控制卡"下拉菜单,此下拉菜单中列出了"主机设置"组态中设置的所有主控制卡,可以通过下拉菜单选择对哪一个控制站的数据转发卡进行设置。主控制卡一旦确定,"数据转发卡"窗口中列出的数据转发卡都将挂接在该主控制卡上。一个主控制卡下最多可添加 16 个(8 对)数据转发卡。

选择好控制站以后,点击"增加"按钮,为该控制站添加数据转发卡,如图 6.31 所示。

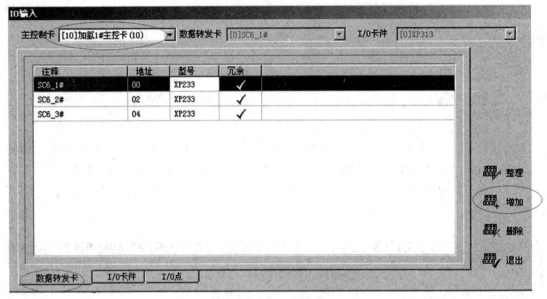

图 6.31　添加数据转发卡

3）添加 I/O 卡件

数据转发卡添加完毕后，可以进行 I/O 卡件的添加。I/O 卡件设置是对 SBUS-S1 网络上的 I/O 卡件型号及地址等参数进行组态。I/O 卡件添加在 I/O 卡件组态画面中进行。点击"IO 输入"对话框左下角的"I/O 卡件"标签进行组态设置，在设置前先要确认主控制卡和数据转发卡的地址，即要先确定现在设置的这个卡件要放置的位置。

点击"增加"按钮添加一个 I/O 卡件，如图 6.32 所示。

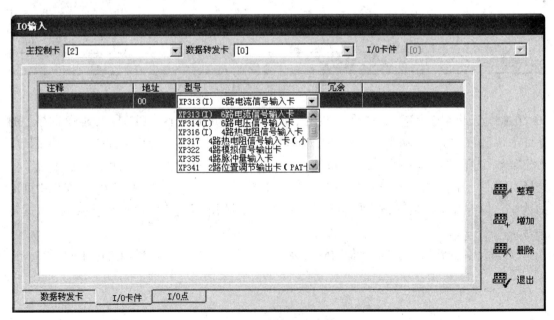

图 6.32　添加 I/O 卡件

4)I/O 点设置

I/O 点设置是对所组卡件的信号点进行组态。在"IO 输入"对话框中选择"I/O 点"标签,可以分别选择主控制卡、数据转发卡和 I/O 卡件进行相应的组态。在选定一个 I/O 卡件后,可以点击"增加"按钮连续添加其信号点,直至达到该卡件的信号点上限,此时"增加"按钮呈灰色不可操作状态。删除时,其余信号点的地址将保持不变,不会重新编排。

5. 常规控制方案组态

完成 I/O 组态后,如果系统中有需要控制的信号和其他一些控制要求,则可以通过控制方案组态来实现。控制方案分为两种:常规控制方案和自定义控制方案。

常规控制方案是一些比较通用的控制方案,易于组态、操作方便。这些控制方案在系统内部已经编程完毕,只要进行简单的组态即可。自定义控制方案是一些要求比较特殊的控制方案,需要用图形化编程软件来实现。

点击菜单栏中的"控制站"→"常规控制方案"或点击工具栏中的常规图标 常规 ,弹出"常规回路"对话框,如图 6.33 所示。点击该对话框中的"增加"按钮将自动添加默认的控制方案。每个控制站支持 64 个常规回路。

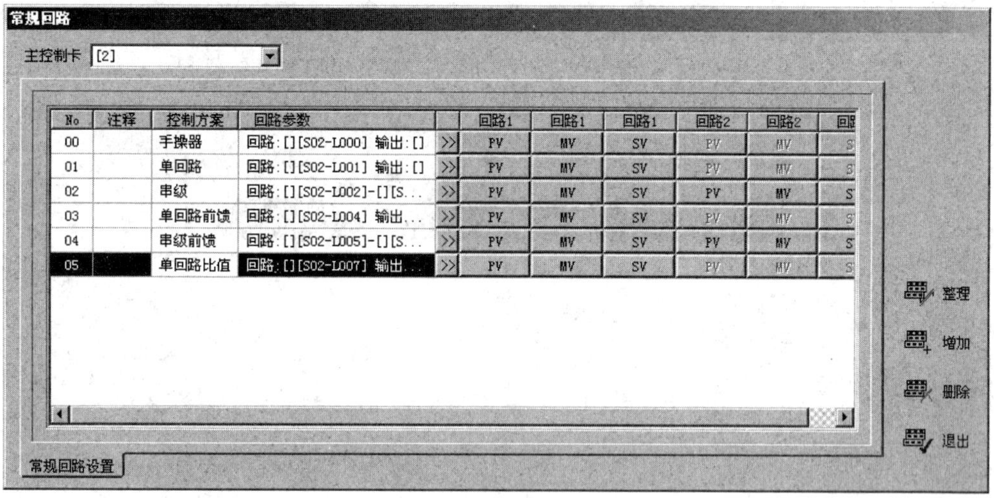

图 6.33　"常规回路"对话框

6. 操作站组态

经过上面的一系列操作,已经完成了主机设置、数据转发卡组态、I/O 卡件组态、I/O 点组态、常规控制方案组态和自定义控制方案组态,至此,控制站的组态工作已经完成。接下来进行操作站组态。

操作站的组态主要包括:操作小组组态、标准操作画面、自定义键组态、流程图绘制、报表制作。其中,流程图绘制和报表制作在后面专门介绍,这里主要介绍操作小组组态、标准操作画面组态、自定义键组态等内容。

1）操作小组组态

在实际的工程应用中，往往并不是每个操作站都需要查看和监测所有的操作画面，例如，某工程采用 DCS 控制现场的两个工段，每个工段由指定的操作工分别在两台不同的操作站上进行监控操作。众所周知，这时现场往往会要求这两个操作站上可以显示完全独立的两组画面，即工段一的操作站上只需要显示与工段一有关的操作画面，工段二的操作站上只需要显示与工段二有关的操作画面。这时，可以利用操作小组对操作功能进行划分，每一个不同的操作小组可观察、设置、修改指定的一组标准画面、流程图、报表、自定义键。系统运行时，两个操作站上运行不同的操作小组，从而满足现场应用需要。

对于一些规模较大的系统，一般建议设置一个总操作小组，它包含所有操作小组的组态内容，这样，当其中一个操作站出现故障时，可以运行此操作小组，查看出现故障的操作小组运行内容，以免耽搁时间而造成损失。

点击菜单栏中的"操作站"→"操作小组设置"或点击工具栏中的操作小组图标 操作小组，弹出"操作小组设置"对话框，如图 6.34 所示。点击该对话框中的"增加"按钮将自动添加系统默认的操作小组，可对操作小组的名称进行修改。

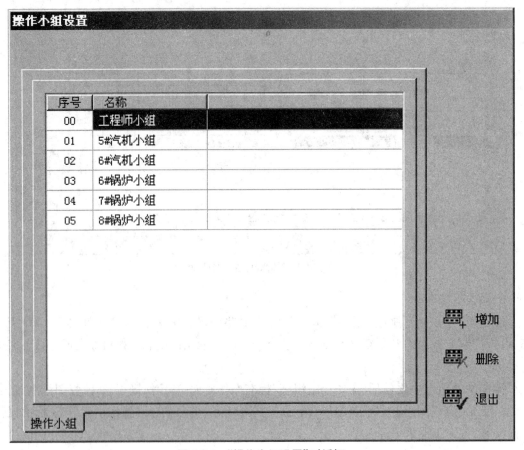

图 6.34　"操作小组设置"对话框

序号:操作小组设置时的序号,不可修改。

名称:操作小组的名称。

2)标准操作画面组态

系统的标准操作画面组态是指对系统已定义格式的标准操作画面进行组态。其中包括分组画面、一览画面、趋势画面、总貌画面四种操作画面的组态。

Ⅰ.分组画面

分组画面组态是对实时监控状态下分组画面里的仪表盘的位号进行设置。分组画面是系统的标准画面之一。

点击菜单栏中"操作站"→"分组画面"或点击工具栏中的分组图标 分组,弹出"分组画面设置"对话框如图 6.35 所示。点击该对话框中的"增加"按钮,将自动添加一空白页。

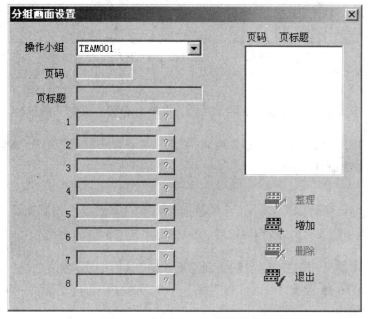

图 6.35 "分组画面设置"对话框

Ⅱ.一览画面

一览画面在实时监控状态下可以同时显示多个位号的实时值及描述,是系统的标准画面之一。

点击菜单栏中的"操作站"→"一览画面"或点击工具栏中的一览图标 一览,弹出"一览画面设置"对话框,如图 6.36 所示。点击该对话框中的"增加"按钮,将自动添加一空白页。

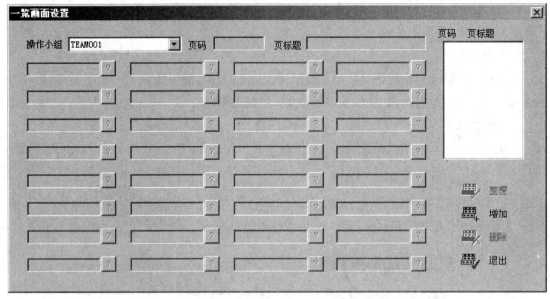

图 6.36 "一览画面设置"对话框

Ⅲ. 趋势画面

趋势画面组态用于完成实时监控趋势画面的设置。趋势画面是系统的标准画面之一。

点击菜单栏中的"操作站"→"趋势画面"或点击工具栏中的趋势图标 趋势 ,弹出"趋势组态设置"对话框,如图 6.37 所示。

Ⅳ. 总貌画面

每页总貌画面可同时显示 32 个位号的数据和描述,也可作为分组画面页、趋势曲线页、流程图画面页、数据一览画面页等的索引。总貌画面是系统的标准画面之一。

点击菜单栏中的"操作站"→"总貌画面"或点击工具栏中总貌图标 总貌 ,弹出"总貌画面设置"对话框,如图 6.38 所示。点击该对话框中的"增加"按钮将自动添加一页新的总貌画面。

3)自定义键组态

自定义键组态用于设置操作员键盘上 24 个自定义键的功能。

单击菜单栏中的"操作站"→"自定义键"或点击工具栏中的自定义键图标 自定义键 ,弹出"自定义键组态"对话框,如图 6.39 所示。点击该对话框中的"增加"按钮,将自动添加一个新的自定义键键号。

4)流程图绘制

标准的操作画面是系统定义的格式固定的操作画面,实际工程应用中,仅用这样的操作画面,还不能形象地表达现场各种特殊的实际情况。JX-300XP 系统有专门的流程图制作软件可以用来进行工艺流程图的绘制。

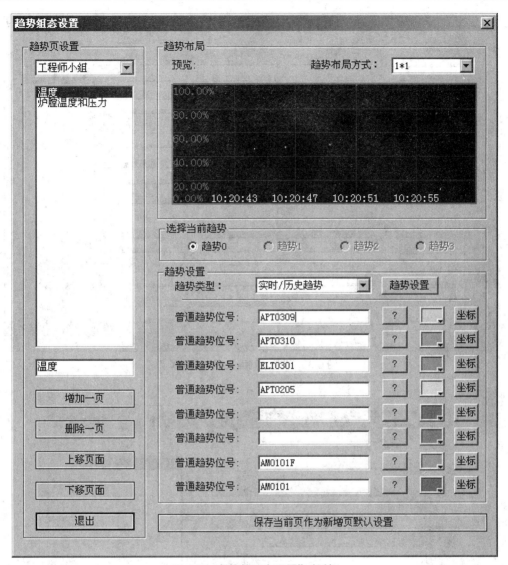

图 6.37　"趋势组态设置"对话框

一般流程图的绘制步骤如下：

（1）在组态软件中进行流程图文件登录；

（2）启动流程图绘制软件；

（3）设置流程图文件版面格式（大小、格线、背景等）；

（4）根据工艺流程要求，用静态绘图工具绘制工艺装置的流程图；

（5）根据监控要求，用动态绘图工具绘制流程图中的动态监控对象；

（6）绘制完后，用样式工具完善流程图；

（7）保存流程图文件至硬盘，以登录时所用的文件名保存。

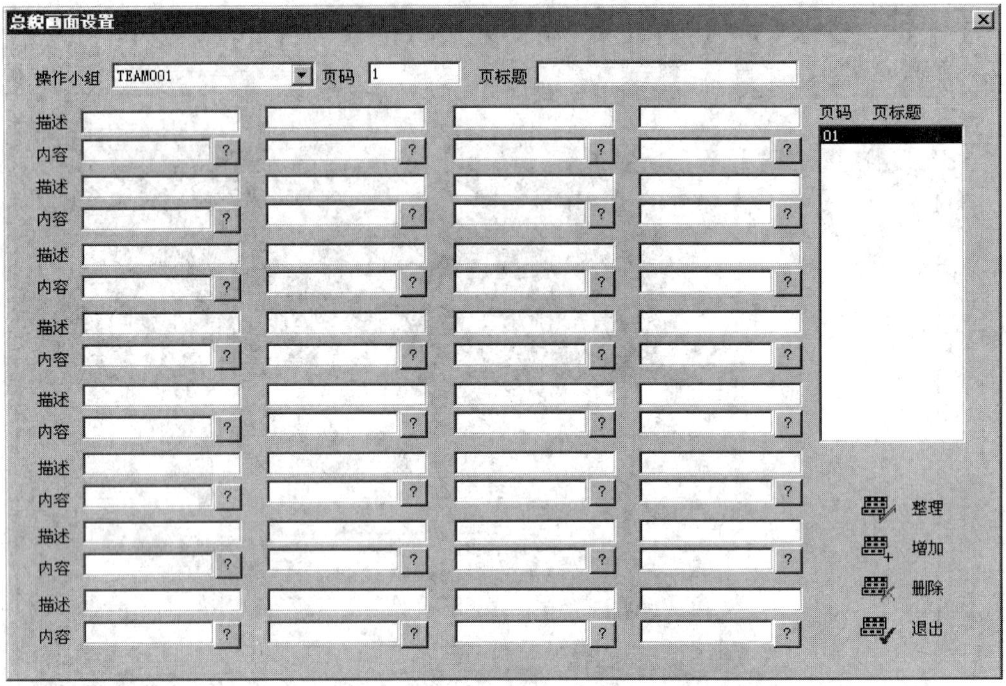

图 6.38　"总貌画面设置"对话框

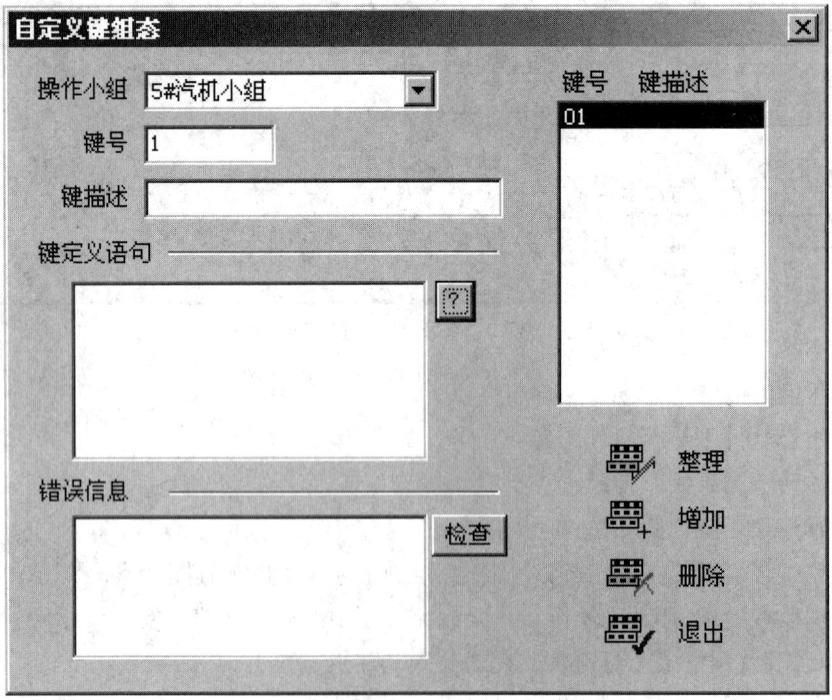

图 6.39　"自定义键组态"对话框

5)报表制作

在工业控制系统中,报表是一种十分重要且常用的数据记录工具,一般用来记录重要的系统数据和现场数据,以供工程技术人员进行系统状态检查或工艺分析。

报表制作软件(SCFormEx)是全中文界面的制表工具,是 AdvanTro-Pro(V2.65)软件的重要组成部分,具有全中文化、视窗化的图形用户操作界面。

报表制作过程如下 :

(1)创建报表文件;

(2)编辑报表文本;

(3)事件组态;

(4)时间量组态;

(5)位号量组态;

(6)编辑报表内容(位号量填充);

(7)报表输出组态。

6.4.3　组态编译、下载和发布

1. 组态编译

系统组态所形成的组态文件必须经过编译才能下载到控制站执行,并发布到操作站进行监控。编译命令只可在控制站与操作站都组态完成以后执行,否则编译图标为不可选状态。编译之前 SCKey 软件会自动将组态内容保存。

组态编译包括对系统组态信息、流程图、SCX 自定义语言、报表信息及二次计算等一系列组态信息文件的编译,有快速编译、全体编译和控制站编译三种类型。快速编译是编译除未进行修改的流程图外的所有组态信息;全体编译是编译所有组态信息;控制站编译是编译选中控制站的信息。编译的情况(如编译过程中发现有错误信息)显示在右下方的编译信息显示区中。要将错误信息列表隐藏,可点击菜单栏中的“查看”→“提示信息”,该命令之前无选中标志即可;反之,若要查看编译错误信息,只要点击菜单栏中的“查看”→“提示信息”,使之显示选中标志即可。若在编译之前,编译信息显示区为隐藏,在编译时将会自动显示。

点击菜单栏中的“总体信息”→“全体编译”或点击工具栏中的编译图标 编译,在弹出的子菜单中选择“全体编译”即可执行全体编译。

点击菜单栏中的“总体信息”→“快速编译”即可执行快速编译。

2. 组态下载

组态下载是在工程师站上将组态内容编译后下载到控制站;或在修改与控制站有关的组态信息(主控制卡配置、I/O 卡件设置、信号点组态、常规控制方案组态、程序语言组态等)后,重新下载组态信息。如果修改操作站的组态信息(标准操作画面组态、流程图组态、报表组态等)则无须下载组态信息。

点击菜单栏中的"总体信息"→"组态下载"或点击工具栏中的组态下载图标 下载，弹出"下载主控制卡组态信息"对话框。

右边信息显示区中"本站"一栏显示正要下载的文件信息，其中包括文件名称、日期及时间、大小、特征码。"控制站"一栏则显示现控制站中的".scc"文件信息。由工程师来决定是否用本站内容去覆盖原控制站中的内容。下载执行后，本站的内容会覆盖控制站原内容，此时，"本站"一栏中显示的文件信息与控制站一栏显示的文件信息相同，如图 6.40 所示。

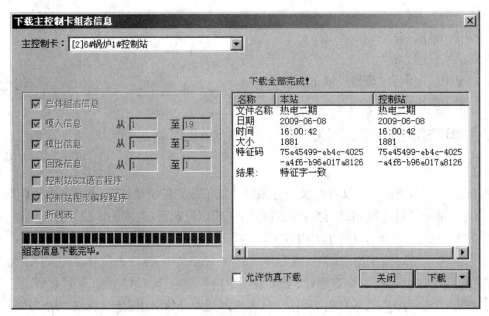

图 6.40　"下载主控制卡组态信息"对话框

控制站组态信息的特征码主要用于表征某个控制站正在运行什么样的组态，以保证各控制站和操作站组态文件的统一。操作站以一定时间间隔（1 s）读取控制站组态特征码，当读取的特征码与操作软件当前运行的组态特征码不一致时，就需要用户进行同步（下载或操作组态更新）。如果用户所修改的内容影响某控制站，那么该控制站所对应的".scc"文件的特征码会自动改变，因此通过比较特征码的方法可知是否上下一致。

当组态下载成功时，信息显示区的"本站"与"控制站"的信息相同。"控制站"显示当前运行组态的日期、时间、大小和特征码。特征码随机产生，操作站的组态被更改后，其特征码也随之改变，从而与控制站上的特征码不相符。

当组态下载出现障碍时，将弹出警告框提示"通信超时，检查通信线路连接是否正常、控制站地址设置是否正确"。

由于在线下载存在一定的安全隐患，所以在工程应用中不提倡采取在线下载方式。

3. 组态发布

为保证上位机组态的一致性，上位机组态由工程师站统一发布，即所有操作站的组态都必须以发布后的组态为准。组态发布前,网络文件传输模块必须已处于运行状态。

1)发布组态

组态编译成功后即可执行发布。点击 SCKey 软件工具栏上的发布图标 发布,文件列表中列举了当前组态编译后 Run 目录与 SCPublishCfg(组态发布目录)中不同的文件。网络选择中可选择进行组态发布、通知更新使用的网络,若该网络没有接通,发布图标将处于灰色不可用状态,系统优先选择操作网。

点击"发布组态"按钮,将编译后的组态文件从当前组态 Run 目录拷贝到本机发布目录 SCPublishCfg 中,此时该组态为网上发布的正式组态。

2)通知更新

通知更新功能用于通知各操作站立即更新组态。通过勾选列表中第一列中的操作站来选定需要进行通知更新的操作站,点击"通知更新"按钮,则仅更新勾选的操作站,当所选的操作站更新成功后,则将本机目录 SCPublishCfg 中的组态文件拷贝到操作站上监控运行目录中,组态传送状态将显示"任务已完成或没有任务进行"。

3)客户端监控启动

客户端监控启动的过程是在所有操作站安装完毕后,使用工程师站发布组态并通知更新,之后所有操作站再启动就会自动向工程师站获取组态。

操作站启动后,将向工程师站请求标志文件(位于工程师站发布目录下),通过标志文件的比较得到本地组态是否更新的信息。如果组态有更新,则客户端将向工程师站请求组态文件到本地的 AdvTemp 目录,完成后关闭监控,将组态文件从 AdvTemp 目录拷贝到安装软件时指定的运行路径(默认为 D:\DCSRun),然后自动启动;如果不需要更新,则客户端继续运行。

任务 5　实时监控

实时监控软件(AdvanTrol)是控制系统的上位机监控软件,操作人员通过配合使用鼠标和操作员键盘,可以方便地完成各种监控操作。实时监控软件的运行界面是操作人员监控生产过程的工作平台。在这个平台上,操作人员通过各种监控画面监视工艺对象的数据变化情况,发出各种操作指令来干预生产过程,从而保证生产系统正常运行。熟悉各种监控画面,掌握正确的操作方法,有利于及时解决生产过程中出现的问题,保证系统的稳定运行。

6.5.1　实时监控画面概述

在 Windows 操作系统的桌面上双击图标 实时监控 可以打开实时监控软件并进入实时监控画面。实时监控画面包括工具栏、报警信息栏、综合信息栏、光字牌和主画面区六部分,如图 6.41 所示。

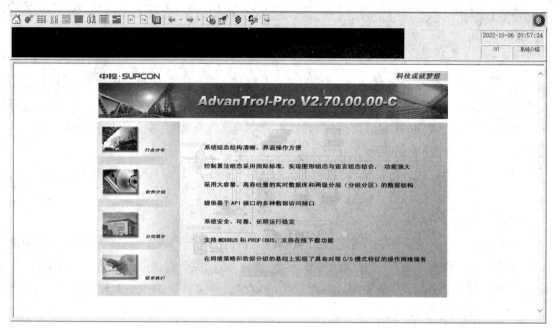

图 6.41　实时监控画面

1. 工具栏

工具栏上共有 23 个形象直观的操作工具图标,基本包括了实时监控软件的所有总体功能,如图 6.42 所示。

图 6.42　工具栏

根据各图标功能的不同,这些图标大致分为四类:系统操作图标、画面操作图标、翻页操作图标和其他操作图标。

2. 报警信息栏

报警信息栏滚动显示最近产生的报警信息。报警信息栏一次最多显示 6 条信息,其余信息可以通过窗口右边的滚动条来查阅。报警信息根据产生的时间依次排列,第一条报警信息是最新产生的报警信息。每条报警信息显示:位号名称、当前值、报警描述和报警类型,如图 6.43 所示。

图 6.43　报警信息栏

3. 综合信息栏

综合信息栏显示系统图标、系统时间、当前登录用户和权限、当前画面类型、软键盘。如图 6.44 所示。

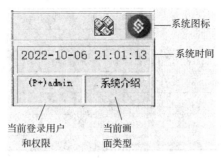

图 6.44　综合信息栏

4. 弹出式报警

弹出式报警是指当达到位号的报警条件时,具有弹出属性的报警产生即会触发弹出事件(确认或者瞌睡报警不触发),在监控的主画面区会弹出报警提示窗,样式与光字牌报警列表相仿,包括确认和设置等功能。弹出式报警窗口如图 6.45 所示。

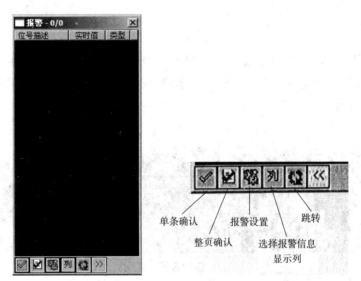

图 6.45　弹出式报警窗口

5. 光字牌

光字牌的主要功能用于显示光字牌所表示的数据区的报警状态。监控中的状态如图 6.46 所示。

| 数据分组1 | 公共0区 | 数据分组2 | 数据分组3 | 数据分组4 | 数据分组5 | 数据分组6 | 数据分组7 |
| 数据分组8 | 数据分组9 | 数据分组10 | 数据分组11 | 数据分组12 | 数据分组13 | 数据分组14 | 数据分组15 |

图 6.46　光字牌

6. 主画面区

主画面区为 AdvanTrol 软件界面中最大的区域,根据选中的画面不同而显示不同的内容。

主画面区可显示的画面信息见表 6.14。

表 6.14　主画面区可显示的画面信息

画面名称	页数	功能	操作
系统总貌	160	显示内部仪表、检测点等的数据和状态或标准操作画面	画面展开
控制分组	320	显示内部仪表、检测点、SC 语言数据和状态	参数和状态修改
调整画面	不定	显示一个内部仪表的所有参数和调整趋势图	参数和状态修改、显示方式变更
趋势图	640	显示 8 点信号的趋势图和数据	显示方式变更、历史数据查询
流程图	640	流程图画面和动态数据、棒状图、开关信号、动态液位、趋势图等动态信息	画面浏览、仪表操作
报警一览	1	按发生顺序显示报警信息	报警确认
数据一览	160	显示 32 个数据、文字、颜色等	画面展开

6.5.2　画面操作图标

画面操作图标主要包括系统标准画面(一览、总貌、分组、趋势)图标以及报警、流程图、报表等图标。

1. 报警一览画面

在监控画面的工具栏中点击 图标将显示报警一览画面。报警一览画面根据组态信息和工艺运行情况动态查找新产生的报警并显示符合条件的报警信息。画面中分别显示了序号、报警时间、数据组、数据区(组态中定义的报警区缩写标识)、数据区描述、位号名、内容、优先级、确认时间和消除时间等。实时报警一览画面如图 6.47 所示。

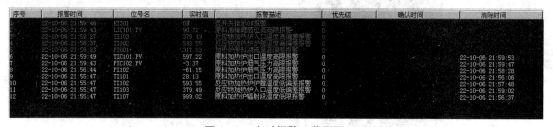

图 6.47　实时报警一览画面

2. 系统总貌画面

在监控画面的工具栏中点击 图标将显示系统总貌画面。系统总貌画面是实时监控的主要监控画面之一,由用户在组态软件的"总貌画面设置"对话框中设置产生。系统总貌画面是各个实时监控操作画面的总目录,主要用于显示过程信息,或作为索引画面,进入相应的操作画面,如图 6.48 所示。

3. 控制分组画面

在监控画面的工具栏中点击 图标将显示控制分组画面。该画面主要通过内部仪表的方式显示各个位号以及回路的各种信息。包括位号名(回路名)、位号当前值、报警状态、当前值柱状显示、位号类型以及位号注释等信息。点击各个位号名(回路名)将进入相应的调整画面(不包括开关量)。通过鼠标左键选择对应的内部仪表,点击调整画面图标将进入该位号的调整画面。每个控制分组画面最多可以显示八个内部仪表,通过鼠标左键单击可修改内部仪表的数据或状态。控制分组画面如图 6.49 所示。

原料加热炉流程

.GR0001

数据一览

.DV0001

常规回路
.CG0001

开关量
.CG0002

原料加热炉参数
.CG0003

温度

.TG0001

液位

.TG0004

图 6.48　系统总貌画面

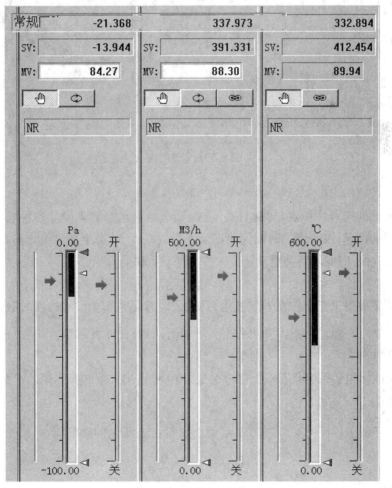

常规

	-21.368		337.973		332.894
SV:	-13.944	SV:	391.331	SV:	412.454
MV:	84.27	MV:	88.30	MV:	89.94

NR　　　　　NR　　　　　NR

Pa　　　　　　M3/h　　　　　℃
0.00　　开　　500.00　　开　　600.00　　开

-100.00　　关　　0.00　　关　　0.00　　关

图 6.49　控制分组画面

4. 调整画面

在监控画面的工具栏中点击▦图标,将显示调整画面。该画面主要通过数值、趋势图以及内部仪表来显示位号的信息。调整画面显示如下类型位号:模拟量输入、自定义半浮点量、手操器、自定义回路、单回路、串级回路、前馈控制回路、串级前馈控制回路、比值控制回路、串级变比值控制回路、采样控制回路。

调整画面如图 6.50 所示。

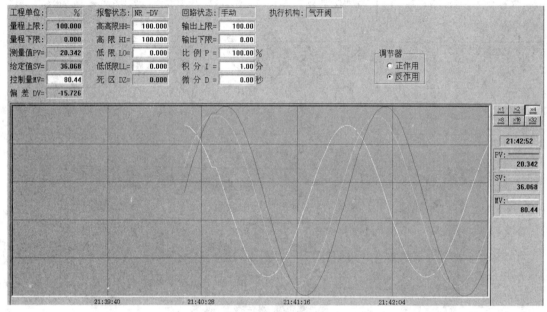

图 6.50 调整画面

5. 趋势画面

在监控画面的工具栏中点击▨图标,主画面上将显示趋势画面。趋势画面根据组态信息和工艺运行的情况,以一定的时间间隔记录一个数据点,动态更新历史趋势图,并显示时间轴所在时刻的数据(时间轴不会自动随着曲线的移动而移动)。

6. 数据一览画面

数据一览画面根据组态信息和工艺运行情况,动态更新每个位号的实时数据值。在监控画面的工具栏中点击▦图标,将弹出数据一览画面,如图 6.51 所示。

7. 系统操作图标

系统操作图标包括系统状态、用户登录、报警消音、退出系统和操作记录一览等。

1)系统状态

在监控画面的工具栏中点击▦图标,弹出如图 6.52 所示的菜单项。

数据一览				
序号	位号	描述	数值	单位
1	PI102	原料加热炉烟气压力	-0.806	Pa
2	FI104	加热炉燃料气	459.585	M3/h
3	TI106	原料加热炉炉膛温度	372.894	℃
4	TI107	原料加热炉辐射段…	497.680	℃
5	TI108	原料加热炉烟囱段…	23.370	℃
6	TI111	原料加热炉热风道…	4.933	℃
7	TI101	原料加热炉出口温度	186.520	℃
8				
9				
10				
11				
12				

图 6.51　数据一览画面

Ⅰ. 故障诊断

故障诊断用于显示控制站硬件和软件运行情况的远程诊断结果, 及时、准确地反映控制站运行状况。

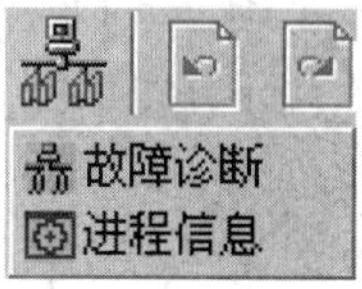

Ⅱ. 进程信息

进程信息用于显示后台服务的信息, 包括启动时间、最后检测时间和进程刷新时间, 当后台的某个服务器出现故障时会做相应的提示。

图 6.52　系统状态

2) 用户登录

用户登录按钮 用于改变 AdvanTrol 软件的当前登录用户、切换操作小组以及进行选项设置等。点击该按钮将弹出"用户登录"对话框, 如图 6.53 所示。

图 6.53　"用户登录"对话框

3）退出系统

退出系统按钮 用于退出 AdvanTrol 软件。点击此按钮,弹出"退出系统"对话框,如图6.54 所示。

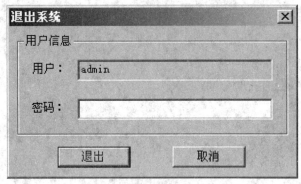

图 6.54 "退出系统"对话框

在"密码"后输入当前登录用户的密码,点击"退出"按钮,即可退出 AdvanTrol 软件,并且 AdvanTrol 软件只可通过此方式安全退出。

筑梦太空 自立自强航天报国

"我将认真履行党代表职责,带头学习宣传贯彻党的二十大精神,牢记嘱托、接续奋斗,努力成长为知识型、技能型、创新型的新时代产业工人,为全面建设社会主义现代化国家贡献力量。"这些铿锵话语,既是党的二十大代表、航天三江江北公司数控车工、特级技师阎敏的坚定志向,也是他的肺腑之言。

作为奋战在航天生产一线的领头人,阎敏长期承担着航天型号产品关键件与新型号产品首件的加工任务。参加工作 35 年来,他经手的产品合格率达 100%,这充分说明了他工作的严谨认真程度。寒来暑往,四季流转,阎敏带领团队潜心钻研、反复试验攻克了火箭发动机喷管加工精度的难题,车间里终年不停的机床与手上层层叠叠的伤口,见证着阎敏的"痴"与"专",也见证着工匠精神的传承与弘扬。

党的二十大报告指出,要加快建设航天强国,加快实现高水平科技自立自强。

在研制"两弹一星"的不凡历程中,来自全国各地区、各部门成千上万的科学技术人员、工程技术人员、后勤保障人员团结协作、群策群力,汇成了向现代科技高峰进军的浩浩荡荡的队伍。他们用自己的辉煌业绩,为中华民族文明创造史增添了光彩夺目的一页。科学研究是一项复杂、艰巨的群体劳动,在科研活动中人与人之间的相互作用直接影响着科研协作和科研计划的完成。我们在学习运用集散控制系统的时候也需要各部分的配合,个体的力量是弱小的,因此只有个体与个体或者个体加入集体当中去,发挥出别人的合作关系,才能更易实现自身的目标,同时也能够更好地实现在集体之中的自我价值。

参考文献

[1] 张毅,张宝芬,曹丽,等. 自动检测技术及仪表控制系统 [M]. 3 版. 北京:化学工业出版社, 2012.

[2] 厉玉鸣. 化工仪表及自动化 [M]. 北京:化学工业出版社,2019.

[3] 刘巨良,李忠明,杨洪升. 过程控制仪表 [M]. 3 版. 北京:化学工业出版社,2014.

[4] 王再英,刘淮霞,彭倩. 过程控制系统与仪表 [M]. 北京:机械工业出版社,2020.

[5] 朱凤芝. 化工仪表及自动化 [M]. 北京:中央广播电视大学出版社,2011.

[6] 常慧玲. 集散控制系统应用 [M]. 2 版. 北京:化学工业出版社,2015.

[7] 俞金寿,孙自强. 过程自动化及仪表(非自动化专业适用)[M]. 3 版. 北京:化学工业出版社,2015.

[8] 张德泉. 集散控制系统原理及其应用 [M]. 北京:电子工业出版社,2015.

[9] 薄永军. 自动化及仪表技术基础 [M]. 2 版. 北京:化学工业出版社,2014.

[10] 郁建中. 自动控制技术 [M]. 北京:北京邮电大学出版社,2008.

[11] 胡寿松. 自动控制原理 [M]. 7 版. 北京:科学出版社,2019.